唐大伟◎著

人，永远要有心疼自己的能力

古吴轩出版社

中国·苏州

图书在版编目（CIP）数据

女人，永远要有心疼自己的能力 ／ 唐大伟著．—
苏州：古吴轩出版社，2017.9
ISBN 978-7-5546-0973-6

Ⅰ.①女… Ⅱ.①唐… Ⅲ.①女性—成功心理—通俗读
物 Ⅳ.①B848.4-49

中国版本图书馆 CIP 数据核字 (2017) 第 193993 号

责任编辑：蒋丽华
见习编辑：顾 熙
策 划：张 臣
装帧设计：胡椒书衣

书 名：女人，永远要有心疼自己的能力
著 者：唐大伟
出版发行：古吴轩出版社
　　　　　地址：苏州市十梓街458号 邮编：215006
　　　　　Http://www.guwuxuancbs.com E-mail：gwxcbs@126.com
　　　　　电话：0512-65233679 传真：0512-65220750
出 版 人：钱经纬
经 销：新华书店
印 刷：北京富泰印刷有限责任公司
开 本：880×1230 1/32
印 张：7.5
版 次：2017年9月第1版 第1次印刷
书 号：ISBN 978-7-5546-0973-6
定 价：36.80元

如发现印装质量问题，影响阅读，请与印刷厂联系调换。010-62472358

目 录

第一章
女人，永远要有心疼自己的能力

第二章

千万别看低自己，没人喜欢尘埃中的你

第三章

想要过得体面，就别对自己那么敷衍

第四章

爱情从来不是必需品，生活才是

第五章
我值得，我允许，拥有自己的幸福人生

前言：卸下铠甲是高级的成熟

　　你是否有过这样的时候：疲惫到只想安静地蜷缩在沙发上，什么事也不做；难过到只要稍微一眨眼睛，眼泪就会流下来。你觉得悲惨绝望、寂寞迷茫，心中有太多的苦水，忍不住唱起歌来。你没有声嘶力竭地高喊，而是有气无力地低吟，那声音凄凄凉凉、哀哀切切，仿佛在诉说着连续加班的疲累困倦，遇到工作瓶颈的茫然困顿，被人误解的闷闷不乐，被家庭琐事困扰的心烦意乱……

　　你婉转清唱，声音断断续续，这一字一音，皆是你卸下铠甲后的柔弱无助，这是你人生的 B 面，是你不想被其他人看见的一面。

　　曾经，你想过要把这些唱给最亲近的朋友听，但是生活却提醒你，朋友真的有那么可信吗？你要知道伤害我们的有时并不是陌生人，而是身边最亲近的朋友。他倾听得越多，就会更加了解你，久而久之，你的隐私、你的过往，甚至那些他答应替你保守的秘密，都可能成为伤害你的利器。

　　你问自己，难道不应该担心、不应该防备吗？于是你告诉自己要独自承担，千万不能把自己的无助、软弱、忧伤展现给别人看。

　　因为你知道感同身受只是一句安慰，即便你万箭穿心、肝肠寸断，那也只是你一个人的事，谁会在意和心疼，谁会为你承担？就算有人在意了又能如何？工作还得你去做，客户还得你去沟通，家人还得你去照顾，麻烦还得你去解决。

　　所以说了又有何用呢？还不如自唱自听，自己的苦自己咽，自己的难关自己渡过。

02

　　生活中的你，报喜不报忧；你不会在爱人面前袒露你的软弱和无助，你会永远保持强者的姿态，做一棵独立的树而不是缠人的藤；你不在挚友面前展现你的失落和不安，在他们面前你永远是满满的正能量，顽强而坚定。

你一遍遍地鼓励自己要阳光坚强、乐观向上，你不能气馁、不能落泪、不能投降，你相信一切都会好起来的，你相信风雨之后一定会有彩虹，你要把最好的一面展示出来，你是"完美"的。

没错，那是事实。

在公司，你是大家都佩服的职场达人，你能力突出、情商过人，上司对你赞赏有加，同事对你心悦诚服。人人都觉得没有你搞不定的客户，没有你解决不了的难题，大家都习惯了你冲锋陷阵、事事当先。

在亲朋好友面前你是暖心人，你总是能体谅别人的难处，为人处世皆万般周到，他们总以为天底下没有你处理不了的事，没有你过不去的坎儿，没有你解决不了的烦心事。他们习惯了你的奉献付出、周全照应。

而只有你自己最清楚，所谓"职场达人"的背后，是你千方百计解决问题的结果；所谓"暖心人"的背后，是你独自承担辛苦劳累，委屈了自己才能满足别人的表现。

你累吗？苦吗？难吗？你无法回答，只是心里很酸、很疼。你知道自己也是一个有血有肉、知冷知热的普通人，你也盼着有人懂你，有人能帮你分担，给你关爱呵护，哪怕只有一次也好。

可是你也很矛盾，你内心拒绝温暖的靠近，因为你害怕卸下铠甲后，又会出现另一种悲伤和难过。

于是，你不断地独自和生活抗争，和自己抗争。你彻夜失眠、情绪压抑，你内心焦虑、恐惧未来，你心神不宁、不知所措，你找不到方向，不知道明天会怎样、自己会怎样。

后来撑久了，你才发现，从来不喊苦、不叫疼的你，已经丧失了诉苦的功能。你想哭，眼泪却会往心里流，淌在胸口隐隐作痛；你想喊，声音却卡在喉咙，让你万般难受；你想卸下铠甲，却发现它已与你连为一体，怎么脱也脱不下。

亲爱的，别这样好吗？

你扛了那么久，走得那么累，卸下铠甲歇一歇吧，给自己一个喘息的机会，又能怎么样呢？

你有梦，不代表你就必须坚强无敌；你是职场达人，不代表你就必须冲锋陷阵；你心疼亲人，不代表你就必须事事承担。你我不是钢铁侠，不是圣斗士，不是神仙，我们没有金刚不坏之身，也不会收妖降魔之术。你我都会疼会累，会偶尔任性、偶尔放纵，我们有欠缺，因为我们都是活生生的人。

卸下铠甲，放下重压，把自己脆弱的一面，展露给最亲的人吧，让你麻木的心重新复活，感受这个世界的温暖。

父母会理解你，他们会告诉你：孩子，别那么拼、那么累，我们只希望你能平平淡淡、快乐幸福。

爱人会心疼你，也许他会和你静默相对，用深情的眼神凝视着你；也许他会轻声细语，安慰你；也许他会用温柔的手抚摸你的伤痛，缓解你的疼痛。

挚友会懂你，他肯在你难过的时候陪你一醉方休，他肯听你絮絮叨叨、诉说烦恼。

弦绷得太紧会断，心禁锢太久会失去平衡，卸下铠甲是更高级的成熟。

请让你的身心放松，让你的泪水肆意流淌，你会明白，给自己一个出口是多么畅快舒服。请接受好的自我，也要接受不好的自我，这些都是真实的你。

第一章

女人，永远要有心疼自己的能力

唯有拼命前行，才没有什么高攀不起

　　有一次我跟朋友去大连玩，朋友带我去了一家海鲜酒店吃饭，老板娘特意到包间看望她。朋友说她们是多年的故交。

　　大气靓丽、风雅明媚的老板娘让我眼前一亮，从她进来到出去，我的目光不自觉地跟随着她。她的一言一行、一笑一颦都显示出她温润如玉、锋芒不露的性格，让人觉得舒服又温暖。

　　我问朋友，她家生意一定特好吧？

　　朋友惊讶于我是怎么看出来的。

　　我说老板娘让人赏心悦目，温柔又不失霸气，经营管理肯定很好。好羡慕人家家境优渥，主业是修身养性，享受琴棋书画诗酒花，副业是帮老公打理酒店，换换心情，日子过得悠闲自在似神仙。

朋友笑着说我说得既对也不对，因为她不是老板娘，是老板，同时也是两个孩子的妈。她的生意和她老公的在完全不同的领域，当然她也是她老公公司的股东。

真是让人"羡慕嫉妒恨"的人生赢家啊，嫁得好，命更好啊！每每听到或看到这种人生圆满、生活幸福的故事，我在羡慕之余，不免有些嫉妒：好事都让人家遇上了，人家的命好哇！有些人含着金汤匙出生，生来就有让我们眼热的资源；有些人会嫁人，嫁个"高富帅"，一辈子有钱花，过着童话里的幸福生活。

没错，在我们的生活中，似乎有些上天格外眷顾的人，这些人总会出现在电影、电视、新闻里，有着令我们仰望的高度。

上天真是偏心眼儿啊！他好像并不爱我们，连正眼瞧一眼我们都不肯，任我们经受种种磨难，故意给我们设置一道又一道的关卡。唐僧取经，经历九九八十一难之后，尚能取得真经；而我们的生活里，打完一怪又来一怪，重重障碍无穷尽。

于是，我们在羡慕、纠结、挣扎、沮丧、痛苦之后，试图自我安慰："时也，运也，命也，非吾之所能也。"

当我们把一切都归结为"命运"二字时，整个人瞬间变得好轻松。一切都不怪自己，我已经使出了"洪荒之力"，是命运不爱我呀！命运不让我遇到那个他，如果我有了他，我的日子一定会过得灿若繁花。

02

"命运"两个字，是最有效的安慰剂，是最令我们信服的推托词，但是所有的人生赢家、所有的圆满、所有的"过得好"，真的只是因为命好吗？

怎么可能！朋友揭开了那位女老板成功的秘密，原来女老板也是一步一个脚印地走过来，才有了今天的成绩的，其中流了多少血汗有谁能想象得出来呢？

她本是渔村姑娘，最开始在海鲜酒店打工，后来经营了自己的小店。她渴望真爱，却总是事与愿违，遇到渣男，恋爱屡受挫折。暗恋了一个优秀的人，但一直自卑，觉得自己高攀了他，所以一直不敢表白。

她发誓要拼命努力，后来把自己的生意做得风生水起。不仅如此，她还开始学成人芭蕾，学化妆，学礼仪，学茶道，学国学。再后来，她遇到了现在的老公——和她一样白手起家的创业者，两个人虽然不是完全契合，但经历了磨合、理解、陪伴、扶持的几个阶段，她终于有了现在众人眼里事业、爱情、家庭皆丰收的美满。

　　遇到的许多人、听到的许多事都在告诉我一个事实：唯有拼命前行，才没有什么高攀不起。

　　更多的时候，我们看到的只是两个人在人前的幸福，却忽视了他们在恋爱前、结婚前，两个单独的个体在不断地认识自己、完善自己、成就自己的过程中是多么努力。那些能把婚姻经营得风生水起的人，单身时也绝不是凄凉难耐、孤苦无依的。

　　我们唯有拼命有前行，当经济独立带来底气后，才会拥有独自面对风雨、承担风险、挑战风浪的能力；才能掌握与自己、与他人、与这个社会和谐共处的良方，懂得如何与孤独相处，如何与时间为伴，如何打败铺天盖地的无聊，如何战胜来自内心和外界的恐惧，如何在日升月落的碎影光年里沉淀自己；才能经得起恋爱的一波三折，经得起婚姻的柴米油盐，经得起日子的琐碎平常，经得起杂乱生活的一地鸡毛。

　　若能一个人精彩，才能两个人相爱。爱情从来不是人类最后的救赎，婚姻也不是人生唯一的依靠。

别说如果有男朋友就好了，别说嫁个好老公就好了，如果无法创造一个人的精彩，怎么能够拥抱婚姻生活的琐碎平常？如果无法制造独处的快乐，怎么能够感知相知相守的美妙？

能给自己做一顿精致的早餐，才能为全家准备一桌丰盛的晚饭。

别哭天抢地地说"没你不行"，"有你更好"才是现代独立女性应有的姿态。

在恋爱和婚姻中，最好的状态是相亲相爱、彼此独立、相互扶持、共同成长。

做最好的自己，才能找到最好的爱人。唯有拼命前行，才没什么高攀不起。

女人，永远要有心疼自己的能力

离开小城四年，妮姐是我最牵挂的人。原因很简单，她的感情生活千疮百孔，人生跌宕起伏，我难免担心。最近，我得知两个和她有关的消息：她又要嫁人了，她的小公司又在招兵买马。

在不经意间，我用了两个"又"字。这个字说来平常，其中曲折却让人心酸。

妮姐的感情生活多波折，其经历一点儿也不逊于苦情戏中的女主角。

妮姐从谈恋爱的时候开始，就对男朋友体贴入微，毫无保留地付出，但始终不见男朋友对她有所回应。可是即便如此，妮姐依旧心甘情愿地和他步入了婚姻的殿堂。婚后的第二年，他们有了女儿。婚后的第三年，她的老公对她说："我跟你在一起的时候，感觉你像我妈，这样的生活一点激情也没有。"

她找姐妹们哭诉，姐妹们义愤填膺、各抒己见。有的姐妹说："现在的社会，离婚的男人是'二手房'，价钱不跌反升，好地段好楼层，比一手房还抢手；离婚的女人是'二手车'，即便是保时捷、玛莎拉蒂的豪华版，想脱手也只能挥泪甩卖。婚姻里，睁一只眼闭一只眼，也就算了。"

也有姐妹说："他就是吃定你不敢离婚，才如此嚣张。做人总要有个底线，婚姻也得有原则，他就是欺负你软弱。"

其实姐妹们说的话都各有道理，妮姐也都明白，但是那种锥心的痛恐怕只有真正经历过的人才能体会吧。这三年来，妮姐无微不至地照顾着他，为他洗衣做饭，每天想尽办法让他开心，没想到却换来这样一个结果。在他心中，她居然像妈妈一样，而他则厌倦了这样一个为他付出的女人。

妮姐终于痛下决心，挥剑斩情丝。而她的老公却毫不怜香惜玉，不仅不挽留，还对她冷嘲热讽。妮姐心窝像被捅了一刀，她是又悔又痛。

伤心的妮姐回到娘家，她想像小时候那样扑进妈妈的怀里尽情地痛哭一场，听妈妈说一声："别怕，有妈在呢。"可是没想到她的泪珠还在眼里打转儿，妈妈却抹着眼泪看着她说："我在街坊邻居、亲戚朋友面前都抬不起头，听人家提起儿女婚姻，我真想找个地缝钻进去。"

妮姐努力把自己的眼泪憋回去，让它流进心里，毕竟她再也不是当年那个小女孩了。看着父母失意的样子，妮姐的心里更是难受，她本想回家寻找安慰，没想到父母居然对她说出这些残酷的话。她觉得全世界都抛弃了她，再也没人心疼自己了。

妮姐看着镜中的自己，那是一个头发杂乱、面色蜡黄、两腮深陷的女人。"我怎么会如此不堪呢？"妮姐在心里问自己，然后眼泪就如洪水开闸一般泛滥起来了。

在泪眼蒙眬中，妮姐仿佛在镜中看到了自己二十岁左右的青春模样，那个活蹦乱跳的青春少女，那个有主见、有想法、有追求，梳着空气刘海的美少女。可是，就在一眨眼间，变成镜中这个颓废的女人。

她流了许多泪，也想起了很多事。这次，她仿佛一下子看透了很多东西。在一个地方摔倒一次不是你的错，而摔倒两次就是你的错，万水千山走过，自己竟然变成了曾经最讨厌的那种人：纠缠别人，依附别人，指望别人。那个自信、独立的自己哪去了呢？

她在心里默默地回忆、反思自己这三年的生活状态，不断地批判着自己：

你真的很可怜，但是可怜全怪别人吗？可怜之人必有可恨之处，那么你的可恨在哪儿呢？也许就是曾经对他的唯唯诺诺、恭敬顺从。婚姻里原本应该彼此相携、相濡以沫，而不是一个人对于另一个人的过度宠爱和服从。

你从光鲜靓丽变成灰头土脸，人家为什么不能嫌弃？你从独立自主到依赖依附，人家为什么不能逃离？你从幽默大方到怨气冲天，人家为什么不能厌恶？

含泪回望自己走过的路、摔过的跤，"拯救"这两字在妮姐的脑中闪烁着万丈光芒。就在那一刻，她决定要拯救自我，她要重整旗鼓，再回江湖，她心里想着：没人心疼自己，就要拥有自己心疼自己的能力。

于是她冲进卫生间，开始梳洗打扮，她描好眉，涂好眼影，打上腮红，穿上修身裙、高跟鞋，准备振作起来。因为这突然的领悟，她决定不再怨天尤人，不再忧虑怅然，她要改变，由内而外，做一个全新的改变，她要找回自尊、自信，她要熬制医伤解疼的灵丹妙药。

于是她悄悄辞去了工作，用几年的积蓄开了一家小公司。这是只有两个人的公司，她是老总、销售、业务员、接线员，雇员是司机，兼任销售、业务员。

从此妮姐铠甲披身，化身铿锵玫瑰，天地之大，任其怒放。

我记得那时，每次见到妮姐，她都是走路带风、行色匆匆。虽然她依旧温婉，却藏着内在的坚毅。她总是带着歉意说："我太忙了，改天我们姐妹几个好好聚一聚。"

"改天"一直延续到我离开小城的前几天才实现。在姐妹为我举行的送别宴上，妮姐讲了她的心路历程，笑言要给我们几人上一课，用她的惨痛经历，成全我们的蜕变。

姐妹唏嘘感叹："渣男都让妮姐遇上了，造化弄人、命运不公啊！"

妮姐说："别怪命运，命运忙着呢，它认识我是谁呀？失去自我、不懂自爱的女人怎么能招人爱呢？女人还是要有心疼自己的能力，才不会如此脆弱。"

是的，身处婚恋中的女人，往往不知道心疼自己。我们总是时时刻刻等待着对方回复信息，恨不得二十四小时都能和对方待在一块儿，动不动就没来由地为对方暗垂珠泪，对方的一句话就能让自己的心情从山巅坠入谷底，在一起还没多久便想以后的幸福生活……

　　生活赐予人成长和看穿真相的力量。后来听说妮姐的前夫想和她复合，说他还爱着她，但是被妮姐拒绝了。妮姐说，前夫爱的不是她，而是依恋那种她曾经像对待儿子一般疼爱他的感觉，可她现在更爱的是自己。

　　这次得知妮姐又要结婚了，我甚感欣喜。打电话给妮姐询问她近况，却正碰上她忙的时候，于是她和我约定晚上通过微信细谈。

03

　　四季更迭，时光不语。人生不过百年，深一脚浅一脚地向前走，无论风雨还是彩虹，都是岁月的馈赠，或停顿或转折的人生路，除了心酸与伤痕，必然伴着反思与醒悟。

　　经历过伤痛，我们才会从稚嫩懵懂变得刀枪不入，我们慢慢会知道自己想要的是什么，方向在哪里，怎样成为更好的自己。

　　丢了自己的女人，在经历过委屈孤单、冷嘲热讽、辛酸劳累后，已经懂得重视自己的价值，拥有心疼自己的能力。散尽前情往事，深情款款地厚待自己，用真诚的心去迎接新的陪伴，笃定地走向人生的圆满。

勇于试错，才不会一切都错过

　　小美最近心情特别差，她一直因自己在工作中所犯的错误而自责。她说，她的一点失误，给经理带来了很大的麻烦，让客户很不满，也给公司造成很大的损失，如果她用另一种方式处理，比如提前打电话沟通，或者在微信和QQ上解释一下，结果可能就会有天壤之别。一切都是她的错。

　　小美被这个错误带来的愧疚折磨了两周，她也因此陷入了忧虑当中，做事心不在焉。早上，小美把淘好的米放入电饭煲后，便去做家务了，然而久久没听到电饭煲提示音。她重回厨房才发现，米还是米，水还是水，原来是她忘记按煮饭键了，此刻已经来不及重新煮了，所以小美只好随意在路边买了个鸡蛋灌饼，急急忙忙地赶去公司。她脸色蜡黄，黑眼圈沉重，以至于同事担心地问她是不是生病了。不仅如此，她在接热水的时候，会一不小心烫到手；做好的资料会忘了保存；就算疲惫不堪地回到家，也是在床上翻来覆去，无法入睡。

她一直沉浸在上次的错误中无法自拔，她接受不了这个事实，以至于快把自己逼疯了，就连她的微信签名也变成了：无法原谅自己！

其实小美是我的表妹，人如其名，她是个美丽又清秀的女孩儿。她的父亲早逝，母亲身体不好，所以她比同龄人更加懂事乖巧，做事周到又细致。她在学校是好学生，在单位是好员工，在家是好女儿、好妻子、好妈妈。

小美对自己的要求非常严格。她说要做优秀的自己，一百分的自己，不允许自己犯错犯傻。因此她经常和自己较劲儿，和自己死磕，她总是感到诸事不顺，有太多委屈。挫败、烦躁、压力、不安，很多的负面情绪堆积在她心里，她想逃，却无处可逃。

我劝小美："你不能这样，这样会把自己逼疯的。就像皮筋只有一定的弹性，你一个劲儿地拉长它，弹性尽失，迟早会断掉。你又不是超人，要对自己耐心，允许自己犯错，学会包容自己。"

02

谁都想工作顺利、爱情甜蜜、事事顺心，谁都想用成绩来证明自己，向全世界宣布自己就是NO.1，但是生活不可能按照我们的想法来。虽然有时候我们已经严格按计划执行了，但是很多时候还是会事与愿违，大失所望。

犯错，是每个人成长的必然经历，只要我们还活着，还在思考，还在行动，就难免会犯错。但是正因为有了错误，我们才能反省，才能做得更好。

懊恼、自责、忏悔、吃不下饭、睡不着觉，或者是想打自己一个巴掌，这些都是犯错后最可怕的事。沉浸在错误里不肯原谅自己，趴在跌倒的坑里死活不肯出来，这些做法都是十分愚蠢的。

当我们在犯错后无法原谅自己的时候，只会犯下更多的错误，从而形成一个恶性循环。我们要学会放松自己的情绪，而不是让犯错活生生地套住自己，让自己濒临窒息。

要勇敢地承认自己错了，跟自己说："我是凡人，不是神。"这样的认怂不丢人，只有勇敢承认自己的错误，以后才能吃一堑，长一智，得到真正的提高。

谁能不犯错？从小到大，我犯过的错，写下来，也许可以装满一个4G的U盘了。

读幼儿园的时候，我想做一名自由画家，所以总是用彩笔在素白的墙上胡写乱画。老师怒气冲天，找来家长"亲切会晤"，于是老爸老妈变身成了粉刷匠，义务为幼儿园粉刷墙壁。

十岁的那年暑假，我去姥姥家，不会游泳的我硬要和一群小伙伴下河。人家双腿摆动，如鱼儿般；而我手刨脚蹬，却渐沉水底，幸亏小伙伴眼疾手快，才救下了我的小命。

参加工作后的第一次独立采访，我的新闻稿就出现了严重的逻辑错误，被编辑骂得狗血淋头、体无完肤，恨不得找个地缝钻进去。

……

我犯的错误太多，大大小小罗列出来，堪比长篇小说。犯错后，我不断地告诉自己：我是凡人，我是凡人，我是凡人；我要对自己有耐心，既然允许自己正确，为什么不能允许自己犯错呢？

04

犯错，说明我一直在做事。事情做得越多，出错的可能性也就越大，这是自然法则。

犯了错，改正就好，自己尽力了就问心无愧。有些事情确实复杂，所以出错也不能全怪自己。我的道行尚浅，得修炼再修炼。

再做个假设，我如果能前知五百年，后知五百年，没有任何机会犯任何过错，那么，这样寡淡的人生还有什么意思呢？生活的趣味，不正是在不断犯错中碰撞出火花的吗？

不能原谅自己，怎么能原谅他人，怎么能学会包容？

别怕犯错，是人都会犯错。错误有大有小，有的可以挽救，有的则无法弥补。重要的是，在犯错后要学会分析错误的原因。到底是自己不小心造成的，还是无法控制的客观因素所致呢？

如果是前者，不妨狠狠地掐一下自己的大腿，让自己以后多长点记性。如果是后者，除了告诉自己要放宽心，还要认真分析这种客观因素。

泰戈尔说过："错误是真理的邻居。"在错误中寻找自己的不足，积累战斗经验，把错误全当命运给你的锤炼，那么久而久之你也会离真理越来越近。

所有犯过的错，都是在试错；所有走过的弯路，都是必经之路。

谁的人生不犯错，请对自己有耐心！有错即改，才是成长路上对自己最好的答案，不试错，才会把一切都错过。

那些不动声色就搞定一切的女人，
究竟有多酷

关于"有了目标，要不要大声说出来"这个问题的解答，向来有两大阵营，这两个阵营各持己见，我的书友若歌姑娘便是"要说出来"阵营里的中坚力量。

最近，若歌姑娘宣布要加入健身达人行列了，她把自己的行动细化到每天起床、睡觉的时间，健身的时间，有氧运动和提拉的强度，每顿的饮食量，最终减脂量。她让我一定要监督她。

我只是微笑，没作声。我的微笑，代表我的礼貌；我的不作声，代表我的不信任。

你心里一定觉得我冷血、吝啬，可能还会加一句：说点鼓励的话会死吗？你在心里一定认为她是个有梦想、有激情、有计划的姑娘。没错，我开始时也是这么想的。

我和若歌姑娘相识于读书会。当时，她告诉我，她给自己定的目标是每周读完一本书。对于我这个书虫来说，这真是个让人兴奋的目标，我噼里啪啦地说了一大堆，介绍自己喜欢的书目、记读书笔记的方法，还把我记笔记常用的App有道云、印象笔记和涂书笔记介绍给她。她听了不住点头，两眼放光，而我也沦陷在找到同道中人的快感中，每一个细胞都在颤抖。

可是不久，若歌姑娘又告诉我，她有了新目标——成为起点中文网的白金作家。想想读书和写作本来就是铁哥们儿，现在网络作家那么多，她实现这样的目标完全有可能呀。网络小说大神唐家三少最初也不知道自己会荣登作家富豪榜，可是人家一直坚持不懈地写，最终成了极受欢迎的网络作家之一。她有这样的目标，作为书友，我必须支持，我毫不犹豫地振臂高呼："加油，加油！"

可是，很快若歌姑娘的目标一变再变：挣钱给自己买辆车，参加选秀节目，学习滑翔机，学习琵琶，等等。当我还沉浸在她的上一个目标中时，她已经投身到了下一个目标里。

最要命的是若歌姑娘每一次都会把新目标大声说出来，在微信朋友圈、微博、QQ空间、知乎等社交网络上隆重宣布。更让我崩溃的是她每次都会用给我发私信、打电话，或约见面的方式，把她的新目标告诉我。

而我对她的新目标真的已经麻木且提不起半点兴趣了，原因并不在于她调整了目标，而是我无奈于每次她都拿出高音喇叭，大声吆喝她的目标，弄得人尽皆知，这样有必要吗？

因为喜欢玉石，我认识一些玉雕师，有幸和国家级玉雕大师王运岫结成忘年交。大师管我叫"小丫头"，我称大师"老爷子"。大师是岫玉素活工艺的传人、第一批国家级非物质文化遗产的传承人，他曾经多次获得天工奖（被誉为玉雕界的"奥斯卡"）。

老爷子特别朴实和善，他有一个特点——每当他要创作新作品的时候，便会进入到悄无声息的"失踪"状态，"失踪"的时间或许是几个月，或许是几年，等到老爷子再出现的时候，手里肯定捧着一座精品玉雕。

我问老爷子："您创作新作品的时候为什么弄得这么神秘呀？就不能让我们这些玉迷们参观学习一下吗？"

老爷子问："素活是什么？"

我答："素活是仿制秦汉以前的炉、瓶、鼎、薰等宫廷中的古器物，制作讲究平衡、稳重、比例匀称、圆润光滑，文饰讲究古朴、典雅、华贵。"

老爷子说："素活最讲究的是墙子直、壁子平、口子严，从选料、破料、设计、雕琢到抛光，一口气都不能松。"

我说："素话最好看的就是链子活，少说有十几个，多则有上百个链子环环相接，每一组都是在一整块玉料上雕刻完成的，如果一环做坏，整个玉料也就报废了。"

老爷子说："道理你都明白，换作是你，你敢有所松懈吗？"

我使劲地点头，又使劲地摇头，然后回答说"不敢松懈"。

老爷子狡黠一笑，说："再说了，真要嚷嚷出去，人家都知道了，活儿没做出来，或者没做好，多丢人！等活儿出来了，人家自然知道了，还用提前说个啥！咱又不是母鸡，下蛋前一定要'咯咯'地叫。"

瞧老爷子说得多么通俗易懂啊！

这个世界上，最酷的女人莫过于能不动声色地搞定一切，她不会事先把自己的想法公之于众。

有谁会关注你的目标？人们都是以结果为导向，说得直白一点儿，大家看的是你能折腾出了什么，没人看你想折腾什么、怎么折腾。

有了目标，希望有人监督你的行为，说明你的自律程度还不够，没有很好的自我管理能力。说白了，就是没人拿着皮鞭抽你，你就不会向着目标跑。

有了目标，希望有人鼓励你的行为，说明你没有信心，内心不相信自己能做好。说白了，那不过是打着"目标"的旗号，想获取自我满足感的借口罢了。

其实，当你大声说出你的目标时，你就是不自信的，就渴望得到来自外界的关注、鼓励。你对自己的一切想法都心知肚明，只是不愿意承认罢了。

退一步说，我们谁还不要点面子，谁还没点虚荣心？把目标出说去了，夸下海口要实现目标，如果实现了，大家都会向你投来敬佩的目光，你的价值感瞬间提升；但如果没实现呢，脸红不？心虚不？

所以，做一个不动声色的女人吧，把实现目标的满足感延长，把快乐、幸福和掌声，留到目标达成后，那样的女人才是最酷的。

世界给你脸色，就狠狠地"怼"回去

最近小萌的状态很不好，我原以为小姑娘不过是一时工作不顺、恋爱受伤而心情黯然，找我充当临时树洞。可是听完她的讲述，我有一种乌云盖顶、无处可逃的压抑感。

她先是发现男朋友并不爱他，和她谈恋爱的目的只是为了给父母一个交代，并且很坦诚地告诉她，如果她不介意，也可以两个人凑合着在一起，婚后互不干涉。

接着是公司老总把两个人的工作量都压到了她一个人身上，以含糊的口吻告诉她，这是公司对她的信任，如果公司效益好，会考虑让她升职或者给予一定的奖励。同时补充说，现在的就业情况是真不好，经济整体下滑，找工作可真是不容易呢。

然后她又检查出自己竟然患上了某种非常难治的慢性疾病，目前全世界的同类病例还没有治愈的先例。

小萌说，她真不知道该怎么办了，男朋友可以分手，工作不愿意干可以跳槽，可这病怎么办？她治不好，也治不起！她知道自己不可以生病，不可以先死，她是独生女，她得给父母养老送终，要是父母知道她得了这病，对他们来说简直是五雷轰顶。不管遇到什么事情，她都得自己扛，她得装成没事人一样，每次给父母打电话只能说"我很好"——吃得好，睡得好，身体好，事事都好。可是她哪里好了，她的天空都是阴霾。

明代冯梦龙《醒世恒言》有句名言"屋漏偏逢连阴雨，船破又遇顶头风"，这大概说的就是小萌吧。如果人生的天空上只有一片阴云，大不了可以躲开，可是如果阴云连绵，笼罩四野，那么人生该是多么灰暗啊！

02

听完小萌的诉说，我给她讲了一位作家的故事。

这个作家是韩国人，叫金寿映。她从小家境清寒，总是受人欺负，十二岁时就有了自杀的念头。她想找到存在感，于是，飙车和打架中度过了青春期，全身都是伤痕。可她从小就有个记者梦，为了实现这个梦想，她跟自己较劲，努力学习，终于考入韩国的名牌大学——延世大学，毕业之后成为高盛的分析师。接着她又去英国拿到硕士学位，然后进入皇家荷兰／壳牌集团公司——荷兰／英国最大的石油公司，也是世界顶级的跨国公司。在那里，她年薪百万，到五十多个国家旅行，过着天堂般幸福的生活。

小萌瞪大眼睛，恶狠狠地说这简直是在刺激她。

我让她继续听下去。金寿映"开挂"的人生，在25岁时，被医生宣判中止了：她得了癌症。

听到这里，小萌脸色一变。

还有什么事比告诉一个人即将被执行死刑更令人感到万箭穿心的呢？

活着就有希望，可医生说，她活不了多久了，有什么愿望就去实现吧；人生可以数着手指头倒计时了。

回顾过去的匆忙生活，金寿映突然醒悟原来死亡会随时来临，今天或许就是生命的最后一天。生命短暂又脆弱，那么该如何让每一天过得有意义而幸福呢？她决定要在有限的生命里筑梦，为梦想而活。此后的八年间，她在世界七十多个国家实现了有八十三个梦想的梦想清单上的四十八个梦想，还成了著名的畅销书作家，有《每天都是最后一天》等作品。

最主要的是，现在金寿映还活着。这就是个奇迹。我告诉小萌，只要奋力前行，她的人生也有无数可能。

F君最近也很不顺，生意上出了些问题。

F君从小家境贫寒，那真是吃上顿不知下顿在哪儿。F君不甘心过这样穷苦的日子，他前二十年是玩命地学习，这二十年是玩命地工作，每一天都不放松。他曾经为了工作，四十多个小时都没睡，一周去过八个不同的城市出差。

我曾经问他怎么对自己那么狠呀？F君说，他不对自己狠，别人就得对他狠了。不狠，怎么能脱离那种穷困的生活呢？

后来，F君的一个竞争对手对他使了阴招，这导致他跌了一个大跟头。别人都以为F君完了，这回起不来了。F君也跟自己讲，认了吧。他喝酒、熬夜、抽烟、玩游戏，他觉得自己的人生玩完了，没什么希望了。

某天，F君无意间看到了一个视频，一群企鹅在上岩石。其中一个跳起来跌下去，再跳起来又跌下去，一次次跌落海水中。其他企鹅就在岩石上面等着它，像是在用目光为它加油。在历经无数次跌倒后，它终于战胜了汹涌的海浪，跳上了岩石。

F君问自己，企鹅能做到，自己做不到吗？可以的，一定可以的！从那时起，他积极向上的精神面貌又回来了，他决定从头再来。慢慢地，他终于走出了人生阴霾，重新开始。

当年F君曾经用他的故事鼓励我走出了人生的低谷。现在，我把他和金寿映的故事讲给小萌听，告诉她，只要心里装着阳光，只要抱着希望，只要一直向前走，一定能走出人生的阴霾。

04

不管世界给我们什么脸色，我们要勇敢地面对生活。

不管头顶有多厚的阴霾，心里要有阳光，不论生活多么黑暗，心里要明亮。别用阴霾的内心去对付阴霾的境遇，那只会越来越糟。即刻开始行动，做一些有意义的事情，慢慢地，你就会发现人生是如此美好，之前遭遇的一切又何足挂齿呢？

取得了多少，可能决定了你人生的高度，但历经艰难困苦，却会让你的人生更有深度。只有奋斗才能成就自己想要的生活，生活也唯有前进才能更加丰富多彩。

你说我情商高，我只是把你放在心上

朋友说，她终于跟某人彻底"友（谊）尽"了，现在她感觉全身的每个细胞、每根毛细血管都恢复了活力，像跳跳糖一样充满了喜悦。

她说的某人是她的一个朋友A，那是一个永远攻击力满满、经常能用一句话就把人噎死、伤人于无形的人。

朋友和A逛街的时候，看中了一件衣服，但是由于价格太贵而迟迟没有下手，A插上一句："没钱就别买呗。"

朋友和她几个姐妹说要一起出去旅行，其中有个姐妹没时间，给大家道歉说不能同行了，其他几个姐妹都觉得很遗憾，商量着等以后大家都有时间再去，A却说："现在这个团多便宜，她没时间就别去了，我们有时间啊！"

朋友闲聊的时候说后悔自己以前没有好好学习，如果有下辈子，重新来一次，一定要努力上进，好好学习。A却说："没准你下辈子托生为狗呢。"

朋友讲家里有两个菜板，一个用来切肉类，一个用来切水果，她有时会傻傻分不清楚。大家安慰朋友说，都是洗干净的，没有太大差别，A却说："那我送你个痰盂给你盛饭，反正也是干净的。"

A总是这样尖酸刻薄，非得把对方逼到抓狂的地步，可A却解释说："嘴狠的人心都太软，我就是性子直，说话不经大脑。总结起来只是情商有点低而已，我也想做一个高情商的人，可是我做不到那么虚伪，我就是这么直率的一个人。你们是我的朋友，要多理解多包容才是啊！"

朋友讲完这些，忧伤地说她已经绝望了。

好吧，我承认，我也听得瞠目结舌。

真想问问A，把别人弄得都不开心，你快乐吗？情商低，难道可以作为伤害别人的理由吗？还说天性如此，人类都进化这么多年了，难道还要保留着原始的动物性吗？情商低，难道就不能提高吗？说实话，她还是没把人放在心上。

02

那么，遇到高情商的人，又会是什么样的感受呢？

说说B君吧，他是我身边高情商的代表人物。

B君跟人见面，总是习惯用"您"开头，即使在电梯里和下属相遇，他也会主动亲切地和人打招呼，让人瞬间觉得他平易近人。

他和别人吃过一次饭，便会记得某某喜欢吃秋葵、菠菜，是个素食主义者，某某无肉不欢，某某一看到海鲜就两眼放光。那么以后再有机会一起吃饭的时候，他点的都是别人爱吃的菜。

他总能控制好自己的情绪，即使遇到再棘手的事情，他都能心平气和地冷静分析，然后再想办法解决。他遇到挫折和突如其来的变化，过一晚之后便能够放下，第二天依旧像往常一样投入工作，正常生活。

我问B君，事事得先考虑别人的感受，这样不累吗？

B君答，出自本心的做法，怎么会累呢？他一直都这么做，已经成了习惯，你好我好大家好，人人都舒服。让别人开心，他也快乐。

我问他什么都考虑，还能真快乐？他说当然是真的，假的多累呀。其实以前的他，才是真累，那时他的情商都低到海平面以下了。

我瞪大眼睛不敢相信，这样的高情商者竟然会说自己以前的情商很低？

B君说，他以前脾气很坏，特别是对家人。那个时候他和父母一言不合就生气摔东西，把家里的碗摔了一批又一批。后来他想，摔完不还是得重新买吗？浪费钱先不说，还会搞得一家鸡犬不宁，让父母伤心又难过。生气、吵架、摔东西，只能说明他无能，他的情商太低。

B君还说，他以前和朋友在一起的时候总是想，凭什么他要顾及别人的感受，人活着不就是为了让自己舒服和开心吗？他要怎么开心怎么来。所以那时的他说话又冲又臭又生猛，结果呢，弄得别人不开心，他也不高兴，糟糕透了。

一两次的低情商行为，家人能理解，朋友会包容，但是时间久了，他们便会开始厌倦你，甚至是疏远你。所以说，情商低像一个巨大的黑洞，它吸走了你的幸福。

03

知错能改，善莫大焉。那么怎么成为一个高情商的人？

听听B君怎么说。他说，做一个情商高的人其实挺简单的，只要你好好说话，管理好自己的情绪，懂得分寸，让别人开心，让自己快乐就好。但是难就难在，倘若要使之成为习惯，那就要做好自我管理和控制。

B君说，成年人的身高增长不了，智商也基本已经定型了，那么只剩下情商还有上升的空间，不然就只能自食苦果。

高情商的人并不是那种处事圆滑、深谙人情世故、老奸巨猾的人，而是那些能够让自己开心，更让别人快乐的人。

比如《欢乐颂》里的老谭，他好像无所不能，总是能够帮助安迪解决各种各样的问题，对于给予安迪的种种，他全部出自真心，安迪开心，老谭也快乐。比如莱昂纳多·迪卡普里奥，他和凯特·温斯莱特是典型的荧幕情侣，私底下两人也是多年的好朋友，当年凯特秘密三婚，莱昂纳多充当父兄的角色，牵着凯特的手走红毯，并将她送交到新郎手中。比如电影《罗马假日》的男女主角——赫本和派克，赫本结婚的时候，派克赶来送她一枚蝴蝶胸针，后来当63岁的赫本离开人世后，派克赶来看她最后一眼。派克知道她生前爱参加慈善义卖活动，87岁的他拄着拐杖，去买回了那枚蝴蝶胸针。

这些人，都是情商高的人，他们给人以温暖，不仅让自己开心，更让别人快乐。

曾经有这样一句话广为流传：智商高的人快乐自己，情商高的人快乐别人。

　　情商高的人在让别人快乐的时候，自己也是快乐的。用他们自己的话说，自己不快乐去让别人快乐，那得多虚伪。我能伪装一时，但是不能伪装一辈子，不然那得活得多憋屈啊！

　　情商低的人总是在伤害别人，情商高的人才是真正有爱的人，真正把人放在心上的人。所以，让我们尝试去做一个高情商的人吧，去快乐别人同时也快乐自己。

第二章

千万别看低自己，没人喜欢尘埃中的你

别人的眼光没资格杀死你的梦想

最近，我的朋友M很纠结，她说她在工作里已经找不到任何快感了。周而复始地做同一件事情，就像驴拉磨一样，转完一圈接着转下一圈，无穷无尽。M说，那点破活儿，她闭着眼睛都能干好，然后脑子里就开始幻想她办了一所舞蹈学校的场景。

坐在旁边的我们，不知该说什么。当年她为了这份稳定的工作，可是放弃了开舞蹈学校的梦想啊！既然路是自己选择的，那么跪着也要走完。

M突然问我们，她应该继续干这份稳定的工作，还是追求当年的梦想——开舞蹈学校呢？还说她已经三十岁了，还来得及吗？

我们异口同声地说三十岁很老吗？没有一个人喜欢听到"老"这个字，何况M是我们当中年纪最小的一个，她这样说引起了"公愤"。

M说哪有我们说得那么容易，放弃稳定的工作，就意味着她得从原来的舒适区跳到一个前途未卜的坑里，还不知道能不能爬上来。被人嘲笑怎么办？失败了怎么办？摔倒了她还有机会站起来吗？老公弃她而去怎么办？她没有办法去承受别人的眼光。

我说："亲爱的，你真的以为你现在的工作就足够稳定吗？"我决定用事实来告诉M，世界上本就没有什么真正稳定的工作。就拿我老妈的亲身经历来说吧，老妈曾经在一家首屈一指的事业单位工作，这个单位的工作不算累，工资正常开，单位效益好，奖金自然也很丰厚，这让大家都很眼红，想方设法地到这里来工作。那时候，我最盼望的就是老妈发奖金，老妈发了奖金就会给我和妹妹发红包，我们就可以疯狂地买买买——买各种美食，买书，买裙子，买口红。

不过，老妈也没赶上几年好时光就退休了，之后奖金自然就没了，每个月只是固定领退休金。

老妈退休两三年后，单位效益慢慢变得不好了，可人们仍是拼命往里钻。这些人的观点很统一：事业单位稳定，即使有一天没有奖金了，工资还是有保证的。可现实是老妈退休十几年后，那个单位已经名存实亡了，曾经稳定的工作、有保证的工资，都已消失不见。

人无千日好，花无百日红。工作也是如此，举目四望，身边这样的例子比比皆是，所以谁还敢说自己的工作稳定？

央视前主播张泉灵在42岁的时候说："生命后半段我想重来。"然后，她就毅然离开工作了18年的央视，重新追求自己的梦想。人生没有太晚的开始，广为人知的摩西奶奶，七十多岁才开始绘画，现在她的作品在许多博物馆都有展出。她曾说："任何年龄的人都可以作画。"

因为工作，我接触过一些化妆师，有时他们在工作时会让学员现场观摩，其中有一位学员给我留下了深刻的印象，她的名字叫梦。

梦是我所见过的化妆学员中唯一的年纪比老师大的学生，她总是面带微笑，话很少，却很专心。在跟妆的过程中，我和她有了偶尔的交集。

我问她："是刚学化妆没多久吗？"

她笑说："是呀，有些晚了，三十多岁了。"

我问："以前的工作不好吗？"

她答："在别人眼里可能很好吧，我是幼儿园教师。"

我的好奇心油然而生："很好的工作呀，待遇好，受人尊重，那为什么……"

她停顿了一下。

我忽然意识到自己这样问很不礼貌，尴尬地说："不好意思，这好像涉及你的隐私，我不该问的。"

她笑："不是隐私，而是……如果我说了实话，常常会被人说三十几岁了还谈什么梦想，简直可笑至极，所以，有时候就不想说了。"

她继续说："我从小就喜欢化妆和摄影，梦想着开一家影楼，亲自为客人化妆、摄影。我一直在学有关摄影的东西，业余时间还参加过一些摄影比赛，但化妆是真的一点也不懂，考虑了很久才下定决心去学。"

前阵子，梦在她的朋友圈里晒出了她的影楼，虽然有些小，但很有特色——文艺、清新、梦幻，像她说话时的样子。

她当时说了这样一句话："三十几岁追求梦想，总比四十几岁早呀！"

　　这样执着追求梦想的人，让我觉得非常感动。如果三十几岁没有开始追求梦想，四十几岁的时候，怎么会梦想成真呢？别人的眼光没资格杀死你的梦想，有梦就应该去追，开始追求梦想的时候，就是最好的年纪。

03

　　俞敏洪曾经说过，一个人要实现自己的梦想，最重要的是要具备以下两个条件：勇气和行动。

　　和我的朋友M一样，很多人在准备追求梦想的时候，总会很在意别人的眼光，担心会吃很多苦，会被人嘲笑打击，会穷困潦倒，自己的恋人或配偶会因为自己短期内的一无所有而离去，会担心无力承担家庭责任和对父母的赡养义务。

　　要不然先稳定，等待时机，再去追求梦想？可是，这不过是自己不够勇敢的借口。

　　人的一辈子很短，如果不能按自己的意愿去活，真的会很憋屈。时间久了，梦想会被现实，会被所谓的安稳和已经懒惰的心磨得消失不见。

　　如果李安没有追求梦想，他会放弃电影委曲求全改学计算机，怎么会两度获得奥斯卡最佳导演奖？如果罗振宇没有追求梦想，他会继续待在央视，怎么会有今天受万千年轻人追捧、"和你一起终身学习"的"得到"App？如果林少没有追求梦想，他会继续做工业设计，怎么会有得到吴晓波三百万元天使投资的公众号"十点读书"？如果厦门的黄阿嬷黄炎贞没梦想，她会含饴弄孙、安度晚年，怎么会在73岁高龄时获得"中国最懂时尚的奶奶"的称号？

林语堂说："梦想无论怎样模糊，总潜伏在我们心底，使我们的心境永远得不到宁静，直到这些梦想成为事实。"我希望自己是个有梦想的人，每天能够能写出自己热爱的文字；能够在未来的某一天走进大学校园，开始新的学习；能够在五十几岁的时候做个背包客，行走在山间海边……

无论在什么年纪，追求什么样的梦想，重要的是不要惧怕别人的眼光，自己的路要靠自己去走，别人的眼光没资格杀死你的梦想！

哪有毫不费力的漂亮，
只不过是人后的十分努力

每当提到 F 君时，有人就会说："他呀，就是运气好，一步顺、步步顺，一路顺风顺水。老天爷罩着的人，下雨都淋不到，一个人有一个人的命啊！"

我把这些话讲给 F 君，他哈哈一笑，说真想活在别人的评论里，那样多简单、多快活、多幸福、多酷炫啊！可是，只是因为运气的偏爱就能成功，这怎么可能呢？好事怎么可能都让一个人遇上了？

如果说有，也只能说运气偏爱努力的人。

F 君小时候的生活特别艰苦，父母都是农民，家中有几个兄弟姐妹。他们全家挤在一间全村最破的房子里面，如果外面下大雨，屋里就会下小雨，外面雨停了，屋里还在下。那时，F君给自己定下了人生的第一个目标：长大了，一定要给父母盖个不漏雨的房子。F君安慰爸妈："别愁，等我长大了，我一定努力让家里的日子变得好起来。"

读书的时候，F君在白天会帮着爸妈打猪草、放猪、侍弄菜园，所以他只能在晚上写作业，他总是舍不得开灯，因为开灯会费电，他点蜡烛学，成绩照样是第一。同学说他脑子灵，不学习成绩也好，F君说："不学习成绩怎么能好？我只是上课时一点也不分心，把老师讲的在课堂上都背下来。课上一分钟顶课下十分钟，加上做好预习和复习，用这个方法谁的成绩都会很好。"后来F君考上了大学，妈妈对着录取通知书哭了，说家里没钱供他上大学，说对不住他。F君说，别愁，努努力总能有办法的。他找亲朋借钱，一笔笔记在账上，勤工俭学来供自己的生活开支和还债。

大学毕业后，F君参加了工作，公司里时常可见懒懒散散、马马虎虎的同事，他们对于F君的努力和认真不屑一顾，甚至"好心"提醒他不要那么认真，糊弄糊弄得了。F君偏不，他把工作一件件都做得很好。他工作的局面打开后，老总把他调去了新的部门，然后一个部门又一个部门地调来调去，不管是苦是累还是容易得罪人的活儿，他都干。F君把公司所有的业务都做了个遍，他连续几年没有休过假，别人不愿意干的活儿他干，别人不愿意陪的客户他陪，别人不愿意拿的单子他拿。他做到了平均两三年上一个台阶，职位一步步上升，最终出任了公司的总经理。

F君实现了当年的理想，为父母盖了房，改变了家里的生活状况，村邻亲友们见到他的父母都会热络地聊天，说F君真争气，给他爸他妈长了脸。

哪有毫不费力的漂亮，只不过是人后的十分努力。F君的努力已经成了一种习惯，他不和别人比，只和自己比，每个环节都要做好，每个细节都力求精确，每一天都不虚度。今天比昨天做得好，今年比去年做得好，他就满足了。

其实我们的努力在大多数时候是被动的，推一步走一步，不推就不动。我们总是有选择性地去做一些事，对于不喜欢的事总夹杂着许多不情愿、不耐烦、不喜欢。

记得某天晚上不到八点的时候，我便躺在了床上，心里想今天晚上不要写作了，我要狠狠地善待自己。我有重度拖延症和深度懒癌，需要依靠床来修复，才能满血复活。在我正敷着面膜的时候，手机的特别关心提示音告诉我，我的编辑有话说。果然，她要和我沟通选题的事情，我从床上一跃而起，乖乖地交代我的想法，和她进行了深入细致、和谐愉快的探讨。之后，我便乖乖地坐在电脑前开始打字了。她作为一个"90后"都在拼，我再懒惰真是太说不过去了。

面对突然落到身上的工作任务，我们总是一脸不悦，认为这不是自己分内的事，凭什么安排给我？可是有的人却在没人要求、没人强迫的情况下，主动完成了一件又一件任务。

被客户拒绝了，我们会在心底里打退堂鼓，觉得这么难搞定的主儿，还是换一个吧，不差这一个客户；可是有的人却在被拒绝后，积极寻找突破口，研究客户究竟喜欢什么，不放过任何一个潜在的可能。

我们以为经过了中考、高考，走进了大学就完成了人生的积累，却发现前面还有无数坎坷在等着我们去克服。我们羡慕别人的功成名就，觉得自己好失败，一路坎坷，一路不顺，走路都能被大风刮倒的广告牌砸到。我们时常觉得自己已经很努力了，付出了很多精力，流下了很多汗水，却始终得不到回报，蝼蚁似的小心翼翼地活在人群中，只恨苍天无眼。

有句"毒鸡汤"说："不努力可以很舒服。"那是骗人的，不努力的后果是痛苦，是眼睁睁看着别人拥有成功，拥有幸运，拥有幸福，拥有本来我们也可以拥有的一切，而我们只能眼巴巴地看着，心里奔涌着羡慕嫉妒恨的浪潮。

努力这种才能，靠日积月累，靠自我管理，靠不懈怠、不懒惰、不放弃，你和我都能拥有。后悔时的痛苦和努力时的艰难，哪个更厉害，答案不言而喻，只看我们怎么选择了。

有些人看起来光彩照人，实际上你没看到他背后所付出的努力。真正的舒服是用尽全部力量做好一切自己应该做的，然后坦然地接受结果，在自己的小世界里尽情享受舒适的感觉，享受加倍的赞赏。

你对自己随便，才会惹人讨厌

你们还记得自己小时候爱吃的东西吗？

作为一个典型"吃货"，我对此拥有深刻的记忆。我小时候爱吃的东西有很多，比如火盆烤地瓜、黏豆包、冰糖葫芦、酸菜馅饺子、锅包肉、水库胖头鱼……

在我的记忆里，除了这些美味的食物，还有一位不苟言笑的老人——我的姥爷。姥爷从小读私塾，说话、做派全是传统味道，单单在吃的问题上，他老人家就有明确要求：不能舔筷子、唼筷子，也不能举起筷子满桌子寻寻觅觅，不能看见爱吃的菜就一扫而光，要闭上嘴细嚼慢咽而不能狼吞虎咽……

　　小时候姥爷带我去亲戚家吃饭，我看到别人家的孩子在餐桌旁挥手大叫"我要吃这个，我要吃那个"，然后大人们就会立刻把菜端到他的面前，他便毫无顾忌地吃个畅快，每每见此，我的内心充满羡慕。

　　我也想像其他孩子一样，可以随心享受自己喜爱的美食，但是每次触碰到姥爷严肃的目光，我便立即胆战起来。对于姥爷的做法，年少的我十分不解。都一样是小孩，为什么别人可以，而我却不可以？我对姥爷的怨气也在不断升腾。

　　姥爷自然看出我的不悦，回到家后，他就跟我讲："吃相最能看出一个人的家教、修养和性格，如果你想做个好孩子，将来成为一个有修养的人，首先就要有个好吃相。"

　　当时我还是个小孩子，并不懂他这话的意思，我也无心去听，我心心念念的全是那些美味的食物。

　　可是长大以后，我所听到的、看到的、经历的事，让我明白了姥爷所说的"吃相最能看出一个人的家教、修养和性格"，这是一个人对自己不随便、不将就的体现，这样的人才不会惹人讨厌。

02

　　闺密菲菲就是因为男友的吃相问题而决定和他分手的。

菲菲宣布跟相处了半年的男友大森分手，就是在大森和菲菲爸妈吃完家宴之后。

我说："吃饭就是见家长，怎么还吃成了分手饭？难道你之前没把大森的情况向你父母坦诚相告？"

菲菲说："我全告诉了，他的身高、体重、工作、财务状况、家庭情况，事无巨细，全说了。"

我问："那为什么？是缺了房子、车子，还是性格不好？"

菲菲答："就是因为那顿饭，我爸妈坚决反对我们在一起。"

本来饭前挺好的，大森陪菲菲爸下围棋，之后他们围绕着彼此都关注的军事、股票等内容进行了友好而深入的交谈。其间，菲菲还特意留意了大森的表现，他一直侃侃而谈，引经据典，颇有风范，为此菲菲悄悄给大森竖起了大拇指，以示鼓励和赞赏。

在接下来的家宴上，菲菲特意将红烧排骨、西红柿牛腩摆到了大森面前，她知道，这两道菜都是大森超级爱吃的。果然，在推杯换盏间，大森的筷子在这两道菜之间来回穿梭。很快，大森的碗旁就出现了一堆骨头。看着盘子里清晰可数的几块排骨，大森这才想起要停手，然后笑眯眯地对菲菲父母说："叔叔阿姨，你们吃。"菲菲全然没发现此刻她父母的脸色已经发生变化，依旧望着男友的脸娇宠地说："不是跟你讲了么，我爸妈喜欢吃素菜，你吃吧，这两个菜是特意为你点的。"大森说："那我就不客气了。"之后，大森便继续狼吞虎咽地吃着这两道菜，吃到最后，盘子里除了佐料什么也没剩下。

送走了大森之后，菲菲父母严肃地跟她说，他们应该分手。理由很简单，大森在吃饭时，把自己爱吃的菜一直吃到光盘，根本不顾及别人的喜好，都没给她夹上一块。这足以说明在生活中他是一个极度自私的人。而在聊天的过程中，大森的口若悬河，在老军人菲菲爸面前明显有班门弄斧的嫌疑。这样的性格，怎么能让父母安心把女儿交给他呢？

沉浸在热恋中的菲菲一开始并不接受父母的建议，但也因此冷静了下来。在经过一个月的观察和思考后，菲菲发现大森确实自私、爱炫耀，而且他还特别爱讲别人坏话，于是便斩断了与大森之间的情丝。

一顿饭打破一段姻缘，绝对不是因为谁少吃了排骨和牛腩，而是因为大森的吃相出卖了他的品质和性格。

吃相是个泄密者，早就有人对吃相问题进行过分析和总结：吃饭的时候细嚼慢咽、斯文优雅、绝不浪费的人，除了有慢性胃肠病的，一定是低调、有涵养的；不挑食、不忌口的人，一定个性随和、大大咧咧，拥有好人缘；把食物分成若干小块，一口口吃下的人，做事谨慎细致，喜欢平稳，厌恶变动；吃东西既小口又超少、热爱素食的人，如果不是在减肥，那么多数是心态平静、自律性强的人；暴饮暴食的人，通常性格直爽，喜怒形于色，不隐藏情绪，是非观分明；吃饭速度非常快的人，通常个性豪放，有上进心，办事果断，雷厉风行，不服输。

　　原来想要了解一个人，细心观察吃相，就能得出一二。林清玄在《从食物看性格》中写道："人总是选着自己的喜好，这喜好往往与自己的性格和本质十分接近，所以从一个人的食物可以看出他的人格。"

　　曾经听过一个公司老总招聘助理的故事。在经过层层考试之后，老总安排进入最后环节的几个人吃海鲜自助，吃自助的那句经典之语，相信很多人都能倒背如流：扶着墙进去，扶着墙出来。新鲜的三文鱼刺身、龙鲍贝、五湖四海煎烤炸等，各种海鲜琳琅满目、应有尽有，大家都吃得非常尽兴，全然不知最后的考试正在悄悄进行。

　　最终，吃多少拿多少，一点也没浪费，还向服务生表示感谢的小W成了老总的助理。不得不承认，这位老总是个计谋君。

哲学家叔本华的《观相论》是识人读心的大作，里面重点讲了一个道理：从一个人的相貌看天赋、智慧和品德。也就是说，一个人的外在反映了他的内心，他的面貌也可以揭示出他整体的性格特征。看吃相，也是一样的原理。吃相、坐相、站相，贯穿生活、工作的每一天，细节总会暴露性格、品质和修养。

"民以食为天"，可见吃有多么重要。和家人的团聚离不开吃饭，和恋人的约会离不开吃饭，和闺密死党的欢聚离不开吃饭，和客户的往来也离不开吃饭。

吃相最见一个人的人品，它会在无形中为我们培养一个好性格、好修养、好未来，这样的人才不会被轻易拒绝，才不会惹人生厌！

别让你的努力只感动了自己

在我身边，总有很多人抱怨自己怀才不遇，是一匹没有遇到伯乐的千里马。可是，很少人会去想，造成自己困境的到底是怀才不遇，还是怀才不够呢？

我认识的一位主持人，自认为貌比潘安、才高八斗、学富五车，却没能站上主持一哥的位置，他觉得自己是生不逢时、怀才不遇。委屈日积月累，演变成对同行的不满。提起某男主持人时，他逢人就说："他呀，能坐上一哥的位置，还不是因为有背景，他好像是某领导的什么亲戚。"提到一位女主持人，他会说："她呀，认识很多有钱的老板，经常去饭局、酒局，社会关系复杂，绯闻男友一辆中巴都装不下。"提到一位职场新人，他又说："她呀，刚参加工作，会什么呀？小丫头片子，还不是撒娇卖萌、装傻充愣、会哄人。"

可是，那位主持一哥有多敬业，我们都看在眼里，人家腮帮子上的肌肉，分明是为了发音准确，日复一日地练出来的，平常人谁的咬肌会那么发达？那是下了苦功夫才练出来的，你的腮帮子上有吗？没有，就说明功夫没下到，你的平均语速就是没人家快，你的发音就是没人家准。

那位女主持人确实认识很多有钱的老板，可人家是做广告的主持人，如果不跟合作方搞好关系，广告凭什么都给她？人家漂亮是人家的错吗？反正我爱她的瓜子脸和大长腿，美丽无罪。

那个新人，确实很年轻，刚毕业于某大学播音主持专业，可人家不是撒娇卖萌，人家是好学好问、勤学苦练。人家能沉下心来研究业务，这精神咱们得学，不能排挤、笑话、打压。

你觉得自己怀才不遇，真的是领导不长眼、同行排挤吗？分明是你的才华还撑不起你的梦想，不能让你在人群中闪闪发光。

02

有一天，我在电视里看到一张熟悉的面孔，便指着电视，问我弟："那不是某某吗？"我弟盯着电视，说："可不就是他吗！"

某某是我弟的哥们，当年我弟曾用"怀才不遇"来安慰他，他用"还是才不够，'才'够'遇'自来"自嘲。而今，他终于"有才得遇"了。

某某从小就喜欢艺术表演。一场电影，我们看一遍，他能看十遍，甚至把台词背下来，然后一人变换不同角色演给我们看。那时，他的表演总能带给我们无数的笑声。当知道了他决定从艺后，工人出身的父母被气得七窍生烟，他硬是排除家庭的阻力考进了影视学校。

毕业后，他在圈子里就是演个路人甲之类的角色，挣的钱自然少得可怜，最惨的时候，用两个包子解决一天的温饱。哥们儿都劝他别干了，干吗跟自己过不去，干什么还不能吃口饭？可他不甘心，说还是自己的才华不够，还是自己没抓住机遇。于是，他自己开始苦练、苦学、苦演，在演艺道路上苦苦挣扎，在"小鲜肉"当道的时代，三十岁的他，演艺事业终于渐渐有了起色。

千里马是什么样子的？是出类拔萃、鹤立鸡群、卓尔不群的。

如果你真的优秀，在信息发达的今天，自然会有人找到你。至于怎么找你，那就得看你的手段和能力了，发个朋友圈、做个自媒体，还能遍地开花呢，这些靠的就是内容和实力。如果你还是没被发现，可以这样解释，是你怀才不够，就像刚刚怀孕两三个月，除了你自己知道，如果你老公不是细心观察你，如果你父母没看到你的早孕反应，也不会知道你的肚子里还有个小宝贝，等你怀了五个月以上，谁会看不出来呢？

所以，如果你不是千里马，那就根本不存在能不能遇上伯乐的问题了。

要想成为千里马，从"怀才不遇"变得"有才可遇"，是有技巧可循的：

第一，你要先把才气攒足、攒够。你是千里马，遇到一个伯乐，他就会发现你，你要是头蠢驴，十个伯乐也帮不了你。那么才气该怎么攒呢？只能靠你自己用时间、精力，跟自己较劲儿，成为专业领域内的精英，成为人人服气的台柱子。

第二，创造"遇"的机会。把每一天做的事情，都当作在为将来做准备。当你做好了充分的准备，机会来临的时候自然就会水到渠成。一个项目，当别人提出各种问题的时候，你拿出几个解决方案，"遇"的机会自然来了。

第三，别拿别人当傻子。在生活和工作中，别老觉得委屈，把心态摆正，别总说别人的坏话。你在背后讲别人好话，别人不一定能听到，但你在背后说别人坏话，别人一定能听得到。上司也好，朋友也罢，就算再欣赏你，在听到你不停讲别人坏话的时候，也会想你在背后会不会也这么讲他。

第四，学会变通。做人别那么傻，那么轴，当你觉得在某一方面已经用尽全力仍旧怀才不遇的时候，那就换个跑道、调个方向，改路行为海航，或许就会一帆风顺了。

别总是抱怨。跑在你前面的人，一定有强于你的长处，不想认输，就一路向前跑，用实力去超越他。你别以为自己只付出了一点就有什么了不起，真正努力的人从来不说自己"怀才不遇"，也从来不感动自己。

你从头再来的样子，气场十足

木槿姑娘最近比较烦，因为她的研究生考试成绩出来了，总成绩和专业课成绩都遥遥领先，唯独英语差一分没上线，就是这一分把她挡在了梦想门外。

木槿姑娘说她实在不知道该怎么提高英语成绩，她怀疑自己天生就不是学英语的这块料。

我问："你是真心想放弃了？"

她回答说："我的专业课一直都很好，而且自己一直想做学术研究，现在却因为英语差一分就被彻底否定了。如果我真就这么放弃了，实在不甘心。"

我说："不甘心就再去试试吧，向英语考了高分的同学取经，找更专业的人带着你学，借用百词斩等软件来增加自己的词汇量。"

"是，我再去找找方法，有了你的鼓励我有信心了。"木槿姑娘勉强地给我一个微笑，其实她内心还是很难过的。

别以为我有什么能让人恢复信心的法宝，木槿姑娘的信心并非来自我的几句话，而是因为她心有不甘，她没有拼尽全力，所以还不想放弃。

如果木槿姑娘看到这句话，也许会激动地反驳说："谁说我没拼尽全力，我每天都学到后半夜，背书背到头要炸，我投入了全部的精力和时间，只是运气差了些。"

嗨，亲爱的，继续往下看。

你确实已经很努力很拼了，你的努力大家有目共睹，那深深的黑眼圈，那越来越瘦的身材，都可以看出你的辛苦和劳累。你说的都是事实，亲朋好友，包括我在内，知道你的遭遇都会为你感到遗憾，心疼你的付出。

可现实不会惯着你，现实只会用最粗暴、最残忍的方式告诉你，一分之差就等于被PK出局。

所以呀，我问木槿姑娘，我们理解的拼尽全力，是足够的努力和付出，比如：为了一场考试，夜以继日地在图书馆里学习；为了一个方案，绞尽脑汁地加班到深夜；为了一场比赛，告别所有的娱乐活动，安心准备着，等等。但这样死逼自己，就真的是拼尽全力了吗？

当你觉得自己拼尽全力而无所收获的时候，那就从头再来吧，因为一个懂得从头再来的姑娘，往往气场十足。

关于从头再来，博同学简直是典范。他在大学时是学生会主席，念的是数学系，他不仅成绩好，还是货真价实的"校草"。毕业后，他进入了全球五百强企业工作，"温和不失力量，幽默不失智慧"是老总对他的评价，因为博同学出色的工作表现，老总有意安排他转行去做公司的HR。这让对HR完全不了解的博同学瞬间蒙了，转行去做自己完全不了解的工作，这怎么办呢？而且更可怕的是公司HR部门主管是一位资深的人力资源管理师，能力超群，对属下要求也十分严格。

当时博同学有两个选择：一是和老总申请继续从事原来的业务，但是他知道这样上升空间小；二是接受HR的职位，向所向无敌的上司，低下他"高贵的头颅"。

在经过再三考虑后，博同学不负老总厚望，选择了做HR。

他说既然选择了这一行，便要拜师学艺，他要按照传统师徒关系那样要求自己，即使做不到"一日为师，终身为父"，也要拿出做徒弟的样子。

很快，他知道上司上午喜欢喝熟普、下午喜欢喝拿铁的生活习惯，于是他每天准时端着味道醇厚的香茶和咖啡，去请教上司关于HR方面的一些专业知识。师傅态度虽差，却也乐意对这个好学的徒弟耐心施教。久而久之，上司改变了她的高冷态度，把博同学当作自己的弟弟，甚至在博同学生日的时候，她和她老公还一起为博同学办了一个家庭生日宴。这是博同学在外工作以来过的第一个生日，在吹灭蜡烛的那刻，博同学泪光盈盈。

师徒以心交心，很快成为公司的一段佳话。师傅坦言，她看中的不仅是博同学的好学和才能，更是他的坦诚和友善，他能屈能伸，能主动为自己营造亲切友好的社交氛围，这恰恰是一个优秀的HR应该具备的素质。

后来，师傅升职为副总，而博同学因业务优秀，顺理成章地接替了师傅的位置。博同学说，师傅是高手，如果没有师傅教给他工作的方法和经验，他怎么能这么快就升职呢？不知博同学是否还记得，当初开始做HR时的畏难情绪。因为担心HR与自己所学的专业风马牛不相及，所以他觉得一切都很困难，也怀疑自己到底行不行。可他不甘心做不好，有了不甘心，才有了甘愿为徒，才有了后面的一帆风顺。他只是及时地调整了自己的思路，从而改变了自己的职业轨道，最终成就了他的事业。

其实，博同学的力不从心和心有不甘，我们很多人都经历过。不同的是，有人倔强地"坚持"跟自己死磕，让自己苦不堪言，但是效果怎么样呢？不少人有了和木槿姑娘一样的感受：我真的很努力了，甚至是用尽了全力，只是运气差了些。

但是上天才不管我们是谁呢？地球上那么多人，上天真的管不过来。

当用尽全力，仍然无法解决问题时，我们或许可以思考一下是不是思维方式限制了我们？是不是固有的习惯制约了我们？是不是学习方法耽误了我们？那么不妨从头再来，先"拿来"，再"实战"，说不定就会像博同学一样，引爆激情的小宇宙。

人生之路上，有时真的需要他人来指点，当我们弄不懂、搞不通的时候，不妨请高人指点一二，学习优秀人士的成功经验，这是转变的第一步，即"拿来"；在得到了高手们的成功秘诀后，我们要进行一个分析和对比，把别人的好习惯、好方法运用到自己身上，这是转变的第二步，即"会用"；接下来，我们要在那些让我们心有不甘的事情上，找到坚持下去的理由，我们要不断地自我肯定、自我认可，对自己要充满信心，然后把从高手那里得来的经验和习惯，持之以恒地坚持下去，这是转变的第三步，即"坚持"。

牛顿说："如果说我看得比别人远些，那是因为我站在巨人们的肩膀上。"伟大科学家尚且要站在巨人的肩膀上才能走得更远，我们就更需要向别人学习。

我佩服那些凭真本事走向成功的人，同样也佩服那些会借助他人力量走向成功的人。

当你的追梦之路遇上阻碍的时候，要学会从头再来，说不定在转角的时候就会豁然开朗。只有真正拼尽全力，最终才会驶向成功。

太容易"玻璃心"，是因为你太闲了

凌晨两三点，你突然醒过来。工作的事情在你脑海里徘徊，让你无法入睡。你在想，某人没有你努力，资历也没你深，但是为什么升职加薪的是他。他春风得意马蹄疾，而你原地踏步、停滞不前。你越想越没有睡意，然后开始了各种推测和分析，你甚至列出了表格，记录入职以来的付出和成绩。

又是在同样的时间，你在床上翻来覆去无法入睡。这一次，你不是因为工作的事情，而是因为感情问题。你满脑子都在想，为什么他一看到她便两眼放光，眼神里全是化不开的浓情蜜意，而对你多年的默默关心视若无睹、冷若冰霜。论外貌，论家世，论修养，你哪儿比不上她？而且你更爱他，对他更好，可是他为什么选择的是她？为什么会这样？

结婚以后，你还是常常失眠，你总是忍不住在夜里想，为什么老公婚前对你又疼又爱，婚后却对你漠不关心？尤其是在处理婆媳关系时，为什么老公总是偏袒婆婆，一味地让你受委屈？为什么他就不能站在你的立场，多为你考虑一下？为什么别的女人可以拥有那么美满的婚姻生活，而你却备受冷落？难道这就是你想要的婚姻吗？为什么会这样？

很多女人在深夜仍旧难以入眠，而夺走她们睡眠的原因，可能是工作，可能是爱情，可能是婚姻，也可能是生活中的柴米油盐。女人们天性敏感，喜欢胡思乱想，她们总是习惯在夜深人静的时候回忆着白天经历的点点滴滴。要回忆的东西有很多，比如今天某某的一句话、一个眼神、一个动作，这背后是否有着深刻的寓意？他对我是亲是疏，是爱是恨，是真情还是假意？比如，你发现老公今天好像跟公司某位女员工聊得火热，然后你就开始怀疑，他是不是移情别恋了？

接着，你又在算计今天的开支，心想着工资已剩不多，接下来的日子该怎么办呢？从人际交往到柴米油盐你都想了个遍，想来想去，你觉得老公不体贴、婆婆刁钻、同事虚伪，生活百般没趣。

　　你说，你真的不想理会生活中的一切，真想找一处深山老林，从此隐居，不问红尘俗事。你真想抛开理智和约束，放纵不羁、游戏天地，来一段说走就走的传奇。但是你知道这些都不现实，人的这一生怎么能说放就放。

　　那么活着究竟是为了什么？面对如此深奥的哲学问题，你无法回答，但又着急知道答案。因为此刻迷茫焦虑的你，急需寻找活着的意义。于是你便在深更半夜的时候给你的几个好朋友发微信诉说烦恼，但是久久没有得到回复，毕竟这么晚了，大家都睡着了吧。

　　可是你的心还没安定下来，你多么希望立刻得到一丝安慰。于是，你便在微信朋友圈发了一条很悲伤的动态，你想让人们去猜想、去安慰或者去笑话你，总之你感觉人生是失败的，你的存在是没有价值的。你那么盼望有人理解你，有人关心你，哪怕是得到一丝安慰也好，可是朋友圈里的动态没人点赞，更没有人回复，你觉得你被全世界抛弃了。

02

　　世界那么大，人那么多，可是没有人知道你在深夜里的痛哭流涕，也没有人看到你的辗转难眠，更无人理解你的伤心难过、迷茫困顿。你凝视着黑夜，环顾着四周，发现竟然没有一个人肯向你伸出援助之手，你彻底绝望了。

没多久，你在胡思乱想中沉沉睡去。第二天醒来，拿出手机，打开微信朋友圈，看到了自己昨天深夜时写的那段话，底下依旧没有留言甚至点赞，你长呼一口气。你觉得失落，也觉得庆幸，你失落的是竟然无人关心你发生了什么，你庆幸的是幸好没人发现你昨晚的矫情，于是迅速地删除了这条动态，心里嘲笑着为什么昨晚的自己那么矫情那么感性，你命令自己快速起床洗漱，重新振作精神迎接新的一天。

洗漱完以后，你拿起手机一看，发现通知栏上有好几个未接电话，原来是闺密打过来的，她还发了微信给你："亲爱的，你怎么了？你别吓我，没有什么过不去。你要好好的，你有什么心事就和我说，闺密不就是用来当出气筒、减压阀的吗？还有你这个死丫头，为什么不接我电话，看老娘怎么收拾你！"

看完后，你想哭又想笑，昨晚的自己究竟是怎么了？你也忍不住想要问自己，不过现在你已经好了，所以你给闺密回复信息说："我在每日三省吾身，即醒来看脸、看称、看余额。"

闺密发来一句话："药不能停。"

03

这就是女人，容易多愁善感，也容易自我治愈。夜晚已经死了的心，在第二天的清晨，又重新复活、激情四溢。

然后，你开始用力向前奔跑。你在日常的工作中，开始试着发现不变中的变化，你懂得了要把一样的日子过得不一样，得靠自己用心。

你真心对待同事、对待家人、对待生活，你不去任意猜忌别人的真情和好心。到最后，你发现原来同事都是这么友善，老公依旧那么爱你，婆婆虽然说话难听了点但终究是为你好，生活是一样充满生机与活力。

然后在某天清晨，你看到了闺密在深更半夜发来的一条信息，她说："我失眠了，怎么办？为什么生活会这般残忍地对我，我想不通，我觉得快窒息了。我活不下去了。"

看到信息后，你笑了笑，这不就是以前的你吗？你回复说："亲爱的，现在好了吗？"果然闺密给你回复了一个笑脸，"请删掉我昨晚的那条信息，那不是我发的"。

想来真的很有意思，我们总是在夜里悲观绝望，却能在清晨的那一刻信心满满，或许这就是光明的力量吧。

很多事情，想不通就别想了，时间会给你答案，即使最后没有答案，也是一种答案。相信一切都是最好的安排，你在夜里的胡思乱想，你的"玻璃心"，实际上都是因为太闲了。

第三章

想要过得体面，就别对自己那么敷衍

你所羡慕的"斜杠人生"，
其实都是拼出来的血路

前几天，朋友跟我提到了一个新词语——"斜杠青年"。当时我还是第一次听到，于是便傻乎乎地问朋友啥意思。朋友翻了个白眼，狠狠地嘲笑了我一通，说我是"时代的弃儿""乡土气息浓烈""出土文物"等。之后向我解释说，"斜杠青年"就是那些不再满足"专一职业"的生活方式，而选择拥有多重职业和身份的多元生活的人群。

"斜杠青年"的概念最先出自《纽约时报》的专栏作家麦瑞克·阿尔伯，他写了一本书叫作 *One Person/Multiple Careers*

（《双重职业》）。这本书的初衷是告诉读者如何在多重兼职身份中平衡自己的生活，即"多重压力下的职场求生术"，书中提到的概念被翻译成了"斜杠青年"。

在如今这样一个竞争激烈的社会，这样的理念实在太值得为之欢呼了！因为"斜杠青年"的人生也就意味着"开挂"的人生。

朋友说，他就是想去尝试这种"开挂"的人生。原本想听听我的意见，可是我连什么是"斜杠青年"都不懂，怎么给他意见呢？

我说词虽然是新词，但是这种"斜杠青年"，古今中外，从来不缺少。达·芬奇不仅是知名的画家，同时他还会雕刻、音乐、建筑，此外他通晓数学、生物、物理、天文学、地质学等；曹操是军事家，可他在文学、书法、音乐等方面都有深湛的修养；"斜杠青年"这一概念的创造者麦瑞克·阿尔伯本身就是典型的"斜杠青年"，他既是工程师、慈善家，还是出色的企业家——他创立了特斯拉等四家不同类型的企业；再比如我们熟知的大才子高晓松，他既是歌手、词曲家、制作人、导演，还是脱口秀节目主持人。

这样的人都是我们崇拜的对象，或许可以说我们都希望成为这样的人，拥有这样一种"开挂"的人生。

"斜杠青年"虽然还没有成为主流，但这绝对算得上是一种潮流。

　　那么什么样的人才是"斜杠青年"呢，是不是一个学生发表了几篇文章，就等同于作家了，一个员工做了几天代购就等同于商人了，一个摄影爱好者拍了几张好看的照片就等同于摄影师了？

　　真正的"斜杠青年"至少是两个或多个领域的行家、专家，他可以在几个领域里任意穿梭、自由切换，在哪里都能散发着光芒。

　　其实这样的人在我们身边也不少，比如：我们单位的主持人，经营着一家法国红酒坊，据说收入要比他做主持人高出几十倍；我认识的一位会计姐姐，平时忙工作，业余时间做手工包包，现在有了自己的工作室，还有几位志同道合的助手；一位数学老师，工作年年评先进，但同时也深入研究茶艺，功力颇深，业余时间开了一间茶坊，生意蒸蒸日上。

　　但是，你千万别把"斜杠"简单地看成一种态度，它更多是一种结果，不是摆出来、喊出来，或是记在记事本里就可以了。

　　在明白了什么是"斜杠青年"之后，你要想想自己有没有成为"斜杠青年"的资本。

首先，你要保证好你的生存问题。在谈理想前，先要解决的是吃饭，能够生存下去，才能再谈发展。言外之意是你的本职工作一定要先做好，因为本职工作是维持你生存的手段。

其次，你要明白兴趣是最有力的敲门砖。"斜杠青年"所做的事往往都是从自己的兴趣爱好出发，因为只有自己喜欢的事才能最大限度地激发我们的潜力。一听到健身就头痛的人，怎么会选择在业余时间做健身教练？一个一读书就头疼的人，怎么会在业余时间写作？一个"植物杀手"怎么可能在业余时间开花店？所以我们不要因为羡慕别人在某些领域闪闪发光，就一股脑地跟着去做，我们要找到自己擅长的事情。

但是单纯的爱好和将爱好变成事业又是完全不同的两码事。兴趣爱好可以不论输赢，不管成败，一旦你把爱好当成工作来做，就得有做好的决心。孔子早说过："取乎其上，得乎其中；取乎其中，得乎其下；取乎其下，则无所得矣。"

既然打算去做，就一定要把事情做好，如果本着"三天打鱼，两天晒网"的心态，不如不做。

此外，还要心态平和，看淡成败。"斜杠青年"听起来很酷，但是这样的生活也很苦。因为成为一个"斜杠青年"需要大量的知识储备和学习上的投入，此外你还要具备极强的执行力和坚韧的毅力，你还得随时接受失败的迎面痛击。做生意有可能会血本无归，恋人有可能会变成路人，好哥们儿有可能会反目成仇。所以，做不成"斜杠青年"也是正常，允许自己尝试，就得允许自己失败。但是你要记住，失败不能白失败，要想清楚失败的原因，是方向不对，是付出的精力和时间不够，还是这条路压根就不适合自己。

如果真的不适合，那么就停止向前，停止错误方向的一小步，就是朝着正确方向迈进了一大步。

"斜杠"意味着双重或多重的得到，也必然意味着双重或多重的付出。

世界上没有哪一样工作不辛苦，有的累身，有的累心，有的身心俱疲，"斜杠"也就意味着会更加辛苦。相信大家都听说过"一万小时定律"，也就是说在一个领域至少付出一万个小时的努力和累积，才能成为行家。那么两个或多个领域呢，不用问，一定是双倍或 N 倍的一万个小时。

"忙"是"斜杠青年"的常态。那么天才型的人有没有？有，但那是少数。对于平凡人来说，想要成为"斜杠青年"需要长期的积累和努力。

"斜杠青年"对自己的定位很重要，我们一定要明白哪件事情对自己是重要的，哪件事是次要的。比如网红papi酱，她的定位就极其清晰，主业读研，副业是做吐槽短视频、广告、直播等。

"斜杠青年"的生活是极其忙碌的，他们可能只有在上厕所的时候才能刷一下朋友圈，只能在固定的时间里集中回复电话，只能有很少的睡眠时间。正是因为他们严格管理着自己的时间，所以才会空下很多时间去做其他的事情。正如鲁迅所言"时间就像海绵里的水，只要愿挤，总还是有的"。"斜杠青年"从来不会抱怨时间少，他们只会利用好每一分钟，而我们要想成为"斜杠青年"，就不得不对自己的时间进行严格管理。

我们不是孙悟空，没有分身术，无法用一根汗毛变出N个自己。"斜杠青年"需要把自己的精力合理分配到不同的领域，而且要保证精力的高度集中，不能分心。学习的时候，你的角色就是学生；写作的时候，你的角色就是作家；经商的时候，你的角色就是商人。你不能拖泥带水，不能犹豫不决，你要干脆而快速地进入状态。做每一件事都高度专注，是"斜杠"的必备技能。

如果一开始就抱着"这事肯定能成，得之易如反掌，名利兼收"的念头，我劝你先不要尝试，因为你还没准备好。如果你说，我大不了就白付出了，我虽然失败了，可我收获了经验，增长了见识，我没有虚度光阴，那么马上就去行动吧。

"斜杠青年"的"开挂"人生，风光的背后全是汗水和泪水，全都是人们奋力拼搏所拼出的一条血路。但是，年轻不就是用来试错的吗？青春不就是用来奋斗的吗？

坚持正确的方向，努力一万小时，说不定你也能成功呢！

就怕你委屈自己，只为成为别人喜欢的样子

　　阿好，人如其名，人好心好，乐于助人，人称"温暖牌"女生。在公司，同事谁有事请她帮忙，她肯定义不容辞，有时甚至加班加点来帮助他人。

　　以下便是"老好人"阿好的日常：

　　同事A："阿好，你帮弄一下这个表格吧，我怎么弄也弄不好。"。

　　阿好："好的，我马上帮你弄。"

　　同事B："阿好，领导让我帮他订机票，可我怎么也进不去网站，你快来帮我订。"

阿好："好的，我这就帮你试试。"

同事C："阿好，这个材料无论我怎么写，领导都不满意，你文笔好，能帮我改改吗？这对你来说是小事，分分钟就能搞定啦。你一定会帮我，对不对？"

阿好："其实我文笔并不好，不过，我可以试试。"

同事D："阿好，等下你不是要出去吗？回来时帮我带杯星巴克的咖啡好吗？"

阿好："不过我好像不顺路呢。"

对方说："那也没事呀，只不过拐两条街嘛，你就当锻炼身体啦。"

阿好虽然很不情愿，却也只能说："那好吧。"

同事E："阿好，我一会儿和同学有个聚会，你能帮我顶个班吗？"此时的阿好正被"大姨妈"折磨得有气无力，只好对对方说："不好意思，我今天不太舒服。"对方一听，连忙哀求："这点小事帮帮我啦，我们还是朋友吗？"

阿好只好万分为难地说："好吧，我替你顶。"

等阿好忙完所有的事情回到家，已是深夜了，疲惫的她连脸都没洗，就径直奔向自己的床。躺在床上的她茫然地望着天花板，看着看着，眼泪就淌进了耳朵，湿湿凉凉的。

一个水池，如果一直向外排水，却没有新的水注入，迟早会干涸；一个人如果一直在不断地为别人付出，却从未得到一丝的回报，迟早会支持不住。阿好从来不懂得拒绝别人，对于别人的请求一概答应，她总是顾及别人的感受，所以即便心里有一万个不情愿，她也说不出那个"不"字，她总觉得拒绝别人好像是自己的错。

阿好想，难道自己真的做错了吗？

可是从小到大，父母和老师不都是这么教育我们的吗？在我们还是学生的时候，我们无数次被告知："凡事要多为别人考虑，多为别人着想，要团结同学、乐于助人。"于是等我们参加工作了，便无数次告诫自己："我要给同事留下一个好印象，要团结同事，能帮就帮，能忍就忍。"

阿好这样做了，可是同事对她的印象真的就好了吗？对于同事的请求，只要她流露出一点点的犹豫和迟疑，同事就会表现得非常不满。

这怪谁呢？只能怪自己。阿好不是哆啦A梦，没有四维口袋，她拿不出来各种未来道具。她只是一个普普通通的人，只能在有限的时间里去做自己力所能及的事。

刚刚参加工作，要适应一个全新的环境，要面对陌生的面孔，处理未知的人际关系，阿好心里有着不可名状的孤独感，于是她想尽量和同事搞好关系，所以便对同事有求必应。

其实从一开始，阿好的做法就有问题。在工作中，自然要和同事保持良好关系，但记得一定要不卑不亢、有礼有节；对于是否要帮同事，要有自己独立的判断。既然大家只是同事关系，谁又欠着谁呢？只要做到分工明确、合作共赢就行。

阿好做的是公司的工作，拿的是公司的薪水，对于同事的私人事务，帮是人情，不帮也正常。

最主要的是，阿好要过自己心里的那一关，要承认自己心力是有限的，承认自己没有三头六臂，每天都有一大堆烦心事困扰着自己，又谈何帮助别人呢？工作那么忙，生活那么累，心里那么苦，何苦还要为难自己？

至于拒绝的理由，没有时间便是最简单，也是最好的理由。不想做就说出来："对不起，我忙，没时间！"然后，去发呆，去逛街，去读书，去做那些让自己快乐而不委屈的事情。

阿好让我想起了以前在网上很流行的一个故事：A不喜欢吃鸡蛋，每次都会把自己的鸡蛋给B吃。一开始B很感谢A，但久而久之B便习惯了，觉得A的给予和帮助是理所当然的。直到有一天，A将鸡蛋给了C，B就不爽了。为此，他们大吵一架，从此绝交。他忘记了这个鸡蛋本来就是A的，A想给谁都可以。

　　一开始的感激不尽，到后来会变成一种习惯，以为这是理所应当的，而有一天你不对他好了，他还会责怪你，认为这是你的错。其实，不是别人不好了，而是他的要求变多了。习惯了得到，便忘记了感恩。

　　同样的情况，也会出现在情侣之间。

　　小晴新交了男友，在他面前，小晴表现得那叫一个乖。

　　男友说喜欢长发女生，于是有着一头清爽短发的小晴等不及头发变长，就直接去做了接发。

　　男友觉得女生开越野车更帅气，于是小晴就瞒着父母把自己的轿车卖了，换置了一辆二手越野车。

　　男友说女生少吃辣对皮肤好，于是无辣不欢的小晴立刻戒了辣。

　　男友觉得小晴应该多陪他，尽量少和朋友们聚会，小晴便一次次拒绝朋友之邀，成了重色轻友的典型。

　　小晴终于成了对男友言听计从、百依百顺的好女友，男友也从此对她疼爱有加、关怀备至。

可是小晴和同学好不容易见个面，约着吃麻辣小龙虾，这时男友出现了，看见就是一通责骂："小晴，你真虚伪，编瞎话都不用打草稿，说什么再也不吃辣，再也不和狐朋狗友联系了，你要装不了就明说，你要装就装一辈子啊！现在狐狸尾巴露出来了吧？其实你就是个问题少女。"

小晴在同学面前颜面尽失，一怒之下，便和男友大吵一架，男友留下"分手"二字便怒气冲冲地离开了。

小晴就这样无奈地接受了分手的事实，可是提起前男友，她还是觉得可惜。她总是想：我是真的爱他，对他又好，可是为什么他就不能包容我一点点呢？给我多一点点的空间和自由呢？

这怪谁？还是怪小晴自己。她不肯做真实的自己，而把自己伪装成对方喜欢的样子。

玛丽莲·梦露曾经说过："如果你无法接受我最坏的一面，你也不配拥有我最好的一面。"然而我们往往没有勇气在最初的时候，就毫无保留地展现出最真的自我。但如果想要维持一段长久的关系，至少不要一下子把自己美好的一面全部展现出来，慢一点、缓一点，这样效果可能会更好。

把自己最美好的一面展现出来，这不是伪装，而是人的天性，可表现总得有个度，有个底线。一开始就设定底线，总比后来撕破脸好得多。

一辈子那么长，谁能保证永远地优秀下去呢？如果一开始做到一百分，后来突然降到八十分，人家都会不满意。而如果一开始时的表现只有七十分，后来有了一点点提高，哪怕只是达到七十五分，都会让人觉得很满意。

所以，千万别委屈自己，只为成为别人喜欢的样子，说一些言不由衷的话，违背自己的意愿去委曲求全，还让别人对你的痛苦置若罔闻。做一个只关注自己的人吧，把注意力都转移到自己身上，从此你便没有什么委屈。

哪怕不拼颜值，也要让你的外在配得上才华

　　"颜值"这个网络词语，在不知不觉间已然成了我们的日常用语。拥有高颜值的人可能会拥有更多的优势，享受更多的资源；而那些颜值低的人，可能经常被嘲笑为"长相违章""需要回炉重造""长相可避邪""小时候被猪亲过"，也可能悄悄失去本应该得到的机会。

　　锦葵姑娘就是这样一个因为颜值而吃亏的人。锦葵姑娘最近怨气冲天，因为她的客户被栀子姑娘抢走了。锦葵姑娘恨恨地说："论内涵，论能力，论人品，我哪一点不如她？还不是因为客户觉得她漂亮，就因她的那身名牌衣服觉得她好。这样的客

户，走了省心。"

我倒吸一口凉气，对于锦葵姑娘的满身怨气我无言以对。用正常的思维来想一想，在工作能力相同的情况下，客户选择高颜值的栀子姑娘是人之常情。爱美之心，人皆有之。谁都更喜欢和令人赏心悦目的人一起工作，这样心情肯定特别好，效率也会更高。

公正地讲，锦葵姑娘的内涵和能力都不错，唐诗宋词信手拈来，讲起柏拉图、叔本华头头是道，口才和工作能力虽算不上非常优秀，但对于她的岗位来说已经足够了。可是她的外貌就不那么如人意了，而且不会打扮自己。我记得第一次见她的时候是这样的：她留着蓬松爆炸的发型，脸庞黝黑而未经任何修饰，上身穿着米黄色宽大棉质衬衫，下面配着黑色贴身及膝打底裤，下面是一双松糕凉鞋，最惊心的是十根脚指头上全部涂上了红色指甲油。

我并非外貌协会成员，但是看到她，我心里却一惊，惊叹她的不修边幅，而且就审美来说其外在打扮方面确实不能被人接受，会给人留下不好的印象。

凭良心说，锦葵姑娘并不丑，她也算得上身材高挑、五官端正，只是有些微胖，皮肤有点黑，腰板有点弯。如果她能更精致地打扮自己，在服装配饰上用点心，更注重些着装礼仪，可能情况就会变得不同了。

　　我认识她那位被抢走了的客户。那人有着很好的修养，他说锦葵姑娘穿着打扮很随意，和她第一次见面谈业务的时候，感觉像是去逛公园，让人觉得她不够重视这个项目。

　　至于那位栀子姑娘，内涵和能力并不逊于锦葵姑娘多少，可人家内外兼修，特别注重自己的仪容，特别善于管理自己的外在。为了保持自己最好的模样，她每天坚持晨跑，一周去一次美容院。虽然我不能像她一样，但我真的很欣赏她对自己的态度，对生活的态度。她每天都以精致的妆容、得体的服饰、充满正能量的精神面貌面对客户。这样才配得到领导的喜欢、客户的信任。

02

　　我们去动物园玩的时候，一定会注意到，开屏最漂亮的雄孔雀一定最受雌孔雀的喜爱，鬃毛最拉风的雄狮一定最得雌狮芳心，巴布亚新几内亚的极乐鸟因为羽毛的艳丽色彩被认为来自天堂。人类也是这样的。

　　古往今来，人类一直都在追美、求美、欣赏美的路上阔步前行。古代的四大美女，近代的阮玲玉、周璇，现代的巩俐、范冰冰，都是我们常聊的话题人物。每个人都会有自己的审美观，欣赏美的角度也许有很多种，但是随意打开手机，我们会看到铺天盖地都是各种化妆技巧、健身神器，而美容院、健身中心、瑜伽馆、舞蹈教室也都随处可见，对于美人们都已经有新的观点：天生丽质并不是人人都有，但精心修炼能成就不俗的气质。

在这个世界上，你在某方面付出的时间往往和成果成正比。皮肤白皙细腻的女孩，一定会坚持敷面膜、做美白；有着播音员级别普通话的人，一定接受过专业训练，并持之以恒地练习；着装得体的人，一定是彻底了解过自己，知道自己适合的衣服颜色和款式。

03

我认识一个女孩儿就读于人民大学经济系，在即将毕业的时候，和同班的"学霸"一同去一家外企面试实习生。那是工资很高的实习单位，名校生求职者甚多，要求自然格外高。论在校成绩，女孩儿不如"学霸"，但在面试后，女孩儿被录用了，"学霸"则惨遭淘汰，原因在于女孩儿在面试前请了专门的机构为她进行形象设计，面试当天化了淡妆，穿了职业装，打扮得正式得体。而"学霸"穿着球衣就去了，虽然一脸阳光，可在那样一个环境里，面试官怎么看都觉得别扭。

面试当天面试官就说对外貌的重视程度体现了你个人的修养。人家嫌弃的不是外貌，而是透过外貌看本质。"学霸"的装扮显示出对自己不负责任的生活态度，一个人如果连对自己的外貌都不上心，何谈对工作？

我们在人际交往的场景中，哪怕不拼天生的颜值，在后天也要学会打理，会化妆，会服装搭配，懂时尚，有一定的审美能力。特别注重自己形象的人往往能给人耳目一新的感觉，在生活中会给别人留下好印象，获得的机会也会越来越多。

当你一再强调才华的时候，思考一下，你的外在配得上你的才华吗？就算拥有丰富的内在，如果外表形象特别差，谁会有耐心去看你的内在呢？

活得漂亮的人，才能得到命运的偏爱

小包自从被竞争对手 T 打败，感觉整个人状态都不好了。她每天眼神直勾勾的，身体软趴趴的，神情蔫耷耷的，对人对事一副爱答不理的模样。

她深刻反省了自己被打败的原因，逐条列出来：

面对别人的怒火，我会以更大的火力回击，对手则平静地处理；面对别人的指责，我会极力辩解，对手则不卑不亢地耐心解释；面对别人的滔滔不绝，我有时会不留情面地打断，对手则会成为耐心的聆听者；面对别人的八卦议论，我会时不时发表个人意见，对手却一直微笑着沉默；面对领导的不近人情，我会坚决抗争，对手则隐忍着，继续努力工作。

小包问大家有没有觉得T虚伪，只会溜须拍马，讨好客户，在同事间充当老好人，假装委屈自己，实际上不吃一点亏？大家互相看了一眼后，就消失在了小包的面前。小包感慨道："我不过就是情商低了点，可我做事认真、做人真诚啊！"

小包在办公室里的言论，无意间传到了老板的耳朵里。最终，T成功升职了。

可是小包难道真是因为情商低才落选的吗？

我见过T，虽然每次都是匆匆打了个照面，但他待人彬彬有礼、热情周到，给我留下了深刻的印象，他表现出了一个高情商人士的美好姿态。

而小包个性较强，和我第一次见面的时候她就来了一段冷幽默；我用了一分钟才反应过来，这让我觉得自己非常笨。她这种接人待物的方式，让熟悉她的人会觉得她很好玩、很幽默；可是不了解她的人，会有点不适应。要说她低情商，是有那么一点，但不至于太严重。

02

有一次公司要举办一场大型活动，为期三天。活动的第一

天很顺利，大家都很兴奋。当天晚上，董事长提出要求，今天
活动的影像资料要做成片子，在第二天的会议上播出。

　　考虑到时间紧迫，工作量比较大，活动主管把后期制作这
块交给了Ｔ负责，让小包负责相应文字，两个人分工合作。Ｔ说
先按时间整理三部摄像机的拍摄素材，删去不能用的镜头，等
小包的稿子写出来，再进一步进行剪辑。

　　从接到任务开始，小包就忙得热火朝天，凌晨的时候终于
把稿子写好了。为了节省时间，活动主管叫来Ｔ一起看，以便
进行影像后期制作。

　　看完文稿，活动主管发火了，原来小包把稿子写成了浪漫
抒情散文，而集团的主要数据、中心理念、核心优势全部一句
带过。他当时就骂这是什么东西，散文是好，可不能用在这儿
啊，必须重写！

　　Ｔ说他来试一试，可以边剪辑边写，要不然资料片恐怕在
第二天早上拿不出来了。活动主管要求小包和Ｔ一起做，可Ｔ
坚持自己一个人解决，并说："你们在办公室休息吧，明天还有
那么多事呢。我这边有问题随时请教您。"

　　第二天早上，Ｔ做出的影像资料得到了与会人员的一致好
评，董事长私下问这是谁做的，一定要发个大红包。活动主管
在心里给Ｔ记下一功，他知道那天晚上Ｔ喝了五杯咖啡支撑着

工作，一晚上没睡。

有人说 T 抓住了表现的机会，其实当天的机会是同时给了小包和 T 两个人的，为什么单单 T 抓住了？ T 靠的是什么？

机会谁都想抓住，可是你得有抓住机会的实力啊！

这让我想起了舅舅讲过的一位怪咖的故事。怪咖绰号"独行客"，每天独来独往，在单位里不与同事有过多的来往，淡泊名利，从来不参与职称竞争。同事们戏称怪咖不是低情商，简直是负情商。

可是，每当单位里的德国进口设备出了故障，其他技术人员全都没辙的时候，只要怪咖一出手，时间或长或短，问题基本上就能得到解决，给单位节省了大量的资金。单单为了这一件事，单位里上至领导下至普通员工，对他全都心悦诚服。别人解决不了的问题，怪咖能解决，这就是实力。谁有本事谁上，人家是真有金刚钻，才敢揽瓷器活儿。

而后，怪咖在多次的设备修理过程中，发现了经常出现问题的原因——设备存在着一个设计缺陷。于是设备厂商派来德国专家解决此事，让单位同事大跌眼镜的是，平时沉默寡言的怪咖竟然用德语和专家直接交流起来，把翻译直接晾到了一边。从专家连连竖起的拇指和爽朗的笑声里，大家觉得怪咖的专业能力得到了外国专家的认可。怪咖觉得翻译人员对那些专业术语翻译得不到位，不能完全明白德国专家的意思。而他以前自己想看懂设备说明书，想和专家直接交流，于是就自学了德语。为了研究设备，怪咖上各种论坛和一些大神进行探讨，没想到的是今天来的这位专家竟然是其中的一位。

再后来，让大家更想不到的事出现了：怪咖从单位辞职了，因为他被德国专家请去了，成了德国设备厂商的专家。据说厂商的设备卖到了全球，怪咖的脚步也跟随设备走遍了全球。

怪咖能走到大多数人无法企及的地步，靠的既不是人脉也不是情商，而是实实在在的实力。

04

在网络上、书本里，关于教人如何拥有高情商的方法论层出不穷，在用理论指导实践的过程中，人们都在注意说话的方式，懂得要时时关注他人。

情商高确实能让人更受欢迎，但是如果想出类拔萃，成为最优秀的人，最应该做的事是提高自己的实力。当实力到达一定的程度后，情商的高或低，已经变得不再那么重要了。

　　当实力到达一定的高度，智商低点又有什么关系？实力，才是成功的魔法棒，机会都是给有实力的人准备的。

你可以宽容，但别纵容

01

　　在《欢乐颂》热播的时候，好友心悦看完之后，大呼这剧太写实了。心悦之所以有以上感叹，是因为剧中樊胜美的哥哥让她想起了她那依赖人、没骨气的弟弟，为此心悦痛心疾首，恨铁不成钢。

　　心悦出生于东北地区的一个农村里，她的父母把所有的爱都给了弟弟，而心悦却得不到父母的半点关注。毕业后，心悦来深圳打拼，费尽心思地养家糊口，一心想过上富足的生活。她活脱脱就是一个现实版的樊胜美。

　　她弟弟当初说要做生意，心悦二话不说拿出工作几年的全部积蓄——七万元给他。后来弟弟生意失败，心悦的钱也打了水漂。对于这个结果，心悦认了，谁让她是他的姐姐呢，况且父母养她一场不容易，父母年纪大了，还要为弟弟操心，她心疼。

后来弟弟要买房结婚，她妈打来电话让心悦去借个十万二十万。心悦说："我在深圳无亲无故，跟谁借？谁肯借？我手头只有两万五，全给你们吧。"心悦妈全然不理解女儿的苦衷，在电话那头哭得肝肠寸断，说白养了闺女，一点儿也不知道替家里分担压力。挂了电话后，心悦觉得甚是委屈，大哭了一场，然后东求西凑，拿出了五万元。

又过了两年，心悦筹备结婚。心悦妈说："嫁汉嫁汉，穿衣吃饭，房子、车子、首饰、衣服让你婆家出。"为此婚礼前一晚，心悦抱着我们掉眼泪。她说这是她最后一次为父母哭、为弟弟哭。第二天，心悦笑意盈盈地把自己嫁了，可她眼里的失落我们都能看出来。在她的婚礼上，她的父母和弟弟并没有出现，因为他们不舍得浪费机票钱。

后来，心悦弟弟离了婚准备再结的时候，心悦妈说女方要十万块钱彩礼，让心悦把结婚时收的礼金拿出来，算是借她的。心悦说她都顾不过来自己的生活，房贷要还，下个月她就要生孩子了。当时的她简直是痛心疾首、心灰意冷，在自己最需要父母关心、最需要用钱的时候，妈妈却还要向她索取。听到她说快要生孩子了，心悦妈居然说："孩子什么时候生？要是生了男孩儿就过去伺候几天，要是女孩儿就算了。"

听到这样的话，心悦感觉脑袋"轰"的一声，她在深圳漂荡十年，点点滴滴翻涌成浪：十年来父母从来没来看过她，打电话也从没问过她过得好不好，北方姑娘适不适应南方潮湿的气候，几个人挤在一间房里苦不苦，生病了谁照顾，工作累不累，吃得习惯不习惯，加班多不多、忙不忙……每次打电话都是为了要钱。

亲人是什么？亲人应该是打断骨头连着筋的血缘，是你怎么对他们发脾气都不会离开你的人，是真真正正关心你、尽心尽力帮助你的人，是无论到哪，只要想到他们就会让你感到暖暖的人。

但是她的父母呢？他们好像从来没有把心悦当作自己的孩子，却把那不争气的弟弟当作宝，难道就仅仅是因为弟弟是男孩而心悦是女孩吗？男孩女孩都是自己十月怀胎生下来的宝贝，谁的父母不心疼自己的孩子，舍得让他们受伤、受气、受欺负呢？

再来看看她的弟弟，长年在姐姐身上不停索取，这还算是亲人吗？谁会舍得让亲人遭受冷漠和打压，让她辛苦求生、四处借钱呢？

02

父母和弟弟就像一颗定时炸弹，随时都可能在心悦的生活里爆炸。心悦不知道什么时候会发生什么事，她不是万能的，自救尚且做不到，何况救他？而且求人帮忙，人家会帮吗？即使帮了，不需要还人情吗？靠什么去还？怎么还得清？

纵容父母和弟弟的结果，不过是把她原本已经举步维艰的日子变得更加艰难。她只是个打工妹，和老公能在深圳扎下根，全靠自己的苦拼苦干。经济条件虽然日渐好转，从租房到拥有属于他们的三十平方米的小鸽子屋，可是每个月的房贷却像石头一样压着她。她自己尚在苟且，又如何帮弟弟呢？虽然老公爱她、疼她，却没有承担她家庭负担的义务。何况，这样的拖累什么时候是个头？这样的包袱要背多久？

心悦太累了，每每想到这些，她的眼泪便会情不自禁地掉下来。她一直相信弟弟只是一个被宠坏的孩子，他虽然已经成年，内心却没长大，所以心悦才会一次一次地帮助他。或者说，面对弟弟的无能，她也曾有过怨恨和就此不管的念头，但是那无法挣脱的亲情总是一次又一次地束缚着她，让她不能不顾。

弟弟只知道手心向上，要钱、要帮助、要宠爱，他不知独立是什么，上进是什么，靠自己是什么。他本来应该长成一棵树，却成了一株藤，死死地缠着父母，缠着姐姐，缠得让人喘不上气，快要窒息，接近崩溃。

社会不喜欢被宠坏的孩子。所以我们要学会一个人勇敢，一个人面对，一个人坚强，一个人扛起重担。我们要用强大的心脏、坚实的身体，用坚定为自己挣一口饭，闯一条路，为自己创出一片碧海蓝天。

我们既要能在阳光下怒放，也要能在电闪雷鸣的雨夜里岿然不动，我们还要能在摔倒的地方重新爬起，继续前行。

心悦突然意识到，自己做错了。她一直都是帮凶，她在用纵容成全父母对她的忽视，成全弟弟的任性和依赖。

之后她换掉用了多年的电话号码，与家人断绝联系。她要用断奶的方式，转变父母的观念，逼着弟弟学会自立。

她叮嘱老家的同学、朋友为她守口如瓶，坚决不能告诉父母她的联系方式。

没有了心悦的经济支持，父母也已年迈，她弟弟无可依赖，终于明白只能靠自己才能生存下去。学历不高的弟弟，幸好还有一手好厨艺，于是他开了一间小吃店，每天忙里忙外，用一碗面、一盘菜、一碗饭换来辛苦钱，他在这期间遭受了白眼、贬损、疲累，这才懂得姐姐独自在外的辛苦。

心悦妈也清楚，逢年过节，心悦同学送来的钱、拿来的衣服，都带着心悦的惦记。和心悦久久不联系、不见面，她的爸妈想起了她的懂事能干以及对家庭多年来的付出，对于当年对心悦的刻薄和盘剥，他们也悔意渐生。每每见到心悦的朋友便说："要是有了我家心悦的消息，告诉她，回来看看。她弟弟自立了，我们不向她要钱了，她回来就好。"

听完朋友的转述，心悦泪流满面。

对家人，固然要宽容，但千万别纵容，请收回无限度的忍让。虽然砍断依赖有些狠，学会独立有点难，迎着生活的八面来风有点苦，可这才是人生的必经之路，谁都要学会独自面对，独自走下去。

有时候要宽容，有时候要收回纵容，不用纵容成全依赖，这道理适用于亲情、爱情和友情。早懂得，早决断，早成长，是件幸运的事。

愿所有的人都要自尊自爱，可以接受但不要忍受，可以宽容但不能纵容，活出一个美好的自己。

我不和"低配"的人做朋友

"她再有一次，我就要启动伤害程序了！"彩彩咬牙切齿地下定决心。

彩彩说的"她"叫小星，她俩是大学同学，同班，同寝室。

彩彩走进寝室，看到的第一个人是小星。彩彩爸整理彩彩的床铺时，小星说："好羡慕你爸妈能来送你。"

后来，彩彩知道小星生长在单亲家庭，六岁后就没见过妈妈了。老爸是水暖工，靠打工养她，供她上学。彩彩看着同龄的小星，莫名心酸。

彩彩换了新手机，小星说："你原来的手机还挺新的，看我的手机跟老人机差不多。"彩彩看了看小星的手机，确实非常旧，于是彩彩把原来的手机放到小星手里，说"归你了"。

彩彩在网上买书，小星说："帮我也买两本书吧，等我爸打了生活费，我就把钱给你。"彩彩说："一共不到一百块，不用了。"

彩彩没想到，她对小星的好变成了纵容，将两个人的友情推向了绝路。

三天假期期间，室友张罗大家结伴去旅游，欣赏一下周边景色。彩彩宣布，这是室友们第一次小集体出游，这次的花费她出了。小星说她负责在网上查行程和攻略。另外两个女生说："不行，一定要AA制，彩彩爸妈的钱也不是大风刮来的。"小星说："那你们去吧，我不去了。"另外两个女生面露难色。彩彩说："近郊游花不了多少钱，为了大家一起好好聚一聚，我决定了，这次我出钱，大家开心就好喽。"于是彩彩拿出了现金交给小星，请她根据行程提前订好车票和酒店。

到酒店的第一晚，大家都呆住了，小星订的是星级酒店。两个室友问小星为什么订这么贵的酒店，小星答："彩彩娇生惯养，哪住得惯条件差的酒店？"众人无言。也是在这个时候，大家才知道，彩彩为大家准备的旅游资金已经被小星花光了。彩彩第一次对小星发火了。

接下来的行程，另外两个女生坚决不让彩彩花钱了，住在青旅，吃各类小吃。

没想到回校后关于彩彩瞧不起穷人、越有钱越小气的传言，便在同学间传开了。彩彩知道是小星在背后散布的，她悄悄下定决心："她再有一次，我就启动伤害程序了！"

某天，彩彩发现自己的唇彩被小星不告自取地占有了，这次她正式提出严重警告。小星却自言自语："又不是缺钱，这么小气。"

彩彩和小星没能再和好。

彩彩说，和小星做不成朋友不是钱的原因，而是她们的友情配置不相当，她对小星越好，小星越理所应当的态度让这段友情失去了意义。

02

友情配置相当是什么概念？

在现实里，多数人还是成长在普通家庭，因为家境有别，生活习惯和对生活条件的要求也有不同。这很正常。但就怕有些人由此心理失衡，在社交中便不自觉地生出了自己不行、不能、不敢的自卑。

因为节俭的习惯，他会从骨子里节约每一分钱，计算坐绿皮火车比动车省下多少钱，计算打折面包比新出炉的面包便宜，计算土豆涨了三毛钱、茄子涨了五毛钱这些鸡毛蒜皮的事。

因为价值观的不同，在交往中产生误会，很多时候会直接影响友情。比如，会觉得别人喝几十元一杯的咖啡很奢侈，一小盒巧克力几百元太奢华。其实那只是人家的日常，不是摆谱，也不是炫耀。

03

毛毛和叶子是发小，毛毛爸是个体户，叶子爸是钢厂工人，那时两人的家境差别还不大。长大成家了，毛毛成了一家公司的老总，叶子则是事业单位的一名普通员工，两人的经济收入差从几倍变成了几十倍或者更多，但却没有影响她们之间的友情。

毛毛偶尔送叶子一些奢侈品，叶子会送给毛毛自己亲手做的绣花拖鞋。

毛毛请叶子吃大餐，叶子就亲手给毛毛做家常菜。

毛毛请叶子全家旅行，叶子帮毛毛照顾一对小儿郎。

毛毛说，跟职场上那些人的友情更多是利益交换，跟叶子才是以真诚换真心的真正友谊。叶子说，毛毛挣钱多，也辛苦，工作起来比男人还拼。毛毛和叶子对待友情的共识是付出真心，回报真情，配置相当。

配置相当的友情不忽视贫富之差，而是正视和接受这样的差异，各自过好自己的日子，然后给彼此温暖，让彼此成长。

真正的友情不存在功利性、目的性，只是志趣相投、惺惺相惜，而不是一定要在对方那里得到什么。恰当的分寸感是友情保鲜的法宝，扶持而不入侵，关心而不闯入。

所以，有时候不要和"低配"的人做朋友，因为那样的友谊只是昙花一现，并不长久。而在配置相当的友情里，总有两颗感恩的心、真诚的心、懂得回报的心、彼此照应的心、互相牵挂的心。配置相当的友情才走心，才长久，才真诚。

所有的嫉妒，都是对自己的隐忧

　　有一天，我在单位接待室等待客户的时候，听到旁边两位姑娘正聊得火热，话题的主角是单位某主持人。

　　"前几天，我去一家美容院，那里的院长跟我说，咱们单位的D整张脸就没有一块是原装的。她垫了鼻子，开了眼角，做了嘟嘟唇，除了皱，点了痣，打了美白针、瘦脸针，等等，一样都不少，结果却惨不忍睹，特别典型的整容失败案例。"

　　"真的呀，那D不是要请假了？她什么时候整的呀？"

　　"你以为还得休一两个月吗？这是微整，十分钟就搞定。"

　　"那个院长怎么看出来的？在他家做的？"

"她怕人知道，所以在外地做的，院长有法眼呗。"

"可惜了，其实D年轻时还挺好看的，现在弄了张网红脸，下巴尖得和锥子差不多。"

从外貌到工作，再到私生活，主持人D被这两位姑娘扒得差不多了，甚至还扔了几颗臭鸡蛋、几根烂菜叶。

我实在听不下去了，在心中暗自猜测，D和这两位姑娘一定有什么深仇大恨吧，要不然怎么会引得两位姑娘在公共场合对她这般又黑又污呢？

02

其实D是我们城市知名的主持人，个高腿长、皮肤白皙、五官精致，着装时尚靓丽，主持能力也很强。

我没有闲情研究她是否做了微整，即便是做了，我也觉得十分正常。爱美是人的天性，大家都希望自己能够变得更美些，所以D选择了微整，这没有错。何况这是她自己的事情，碍着别人什么了呢？人家要承担整形失败的风险，这样的勇气至少我没有。

其实D也是一个很敬业的人，为了保持良好的上镜形象，她几乎一年四季穿夏装。要知道在东北的冬天里，我要穿上保暖内衣外加超厚版的羽绒服才能抵御寒冷，而她为了工作可以完全不顾自己的身体。为了可以随时出镜，她永远保持着精致的妆容，而彩妆对于皮肤的伤害，她应该比我更了解。为了节目的后期制作效果，她和制作人员一帧一帧地剪辑修改。

就是这样一个女子，因为微整就被人骂得惨不忍睹，我真是为她打抱不平。

可是事实证明，我很单纯。

偶然的一次，我看到D和那两位姑娘同时出现在某节目的录制现场。

那两位姑娘甜蜜地叫着D"姐"，企图和她交谈。一个说："D姐，我昨天看你的节目了，那条裙子好配你啊，气场强大，只有你才能穿出那个效果。还有，你的这期节目创意真好，紧跟潮流，热点抓得真准。"另一个说："好羡慕姐姐做了制片人，换了新车，又搬了新家，你简直就是人生赢家，我们的偶像呀！"D也亲昵地和她们打着招呼，一脸的笑意，看得出她们非常熟，交情应该也不赖。站在不远处的我，目睹着这一切，然后脑海闪现出那天她们在接待室里的对话。

而后，我突然醒悟。她们黑D，并不是因为D微整了，也不是因为她工作能力差，更不是因为她的私生活，而是因为D比她们过得好。

王小波说："人的一切痛苦，本质上都是对自己的无能的愤怒。"

嫉妒的起点，是对自身的隐忧。在容貌上，D甩了她们几条街；在工作能力上，D的优秀大家有目共睹；至于有人追，只能说明D的异性缘比她们好，比她们有吸引力。她们拼命想要得到的成功，D轻而易举就拥有了。她们对D的成功如鲠在喉，吐不出，咽不下，便只能用这种背后损人的方式来排解。

不是有这样一种说法吗？人们嫉妒的往往不是陌生人的飞黄腾达，而是身边的人飞黄腾达。

陌生人的飞黄腾达与我们无关，而身边人的飞黄腾达却会让我们分外眼红。我们总是嫉妒身边人的成功，却不愿正视人家背后的付出和努力；我们见不得同学成绩好，只好说他是个只会读书的书呆子；我们见不得哥们儿创业成功，只好嘲笑他以前什么都不是；我们见不得班上普普通通的女同学突然成了漂亮女生，只好说她肯定整容了。

　　而我们就是不肯承认别人每天寒灯苦读的时候，自己在快活地打着游戏；别人为了一个项目全年无休的时候，自己在轻松地享受人生；别人在疯狂地背单词，和外国人练口语的时候，自己在逛淘宝、刷朋友圈；别人每餐只吃三分饱，每天跑步一个小时的时候，自己在研究哪家的小龙虾更美味。

　　人们的嫉妒往往是因为自己没有能力达到，才对别人进行一系列的挖苦和讽刺，殊不知嫉妒里包含了多少对自身的隐忧、对自己的不满，害怕自己不能像他们一样成功。

　　嫉妒会损伤人的精神，我们应该慢慢抛弃这种嫉妒心理，努力去过好自己的生活，做一个努力奋斗的人。

想要过得体面，就别对自己那么敷衍

　　素儿姑娘是一个十足的"软妹子"，她长得小鸟依人，声音温柔。这样的姑娘往往招人喜欢，尤其受男孩子的欢迎。

　　素儿姑娘就有一个很爱她的男朋友。她的男朋友对她百般体贴，简直把她当作宝贝一般对待。比如，在家里，素儿姑娘从来不做诸如煮饭、洗衣之类的家务活，这些都是他男朋友的事。又比如，每到端午节、中秋节之类的节日，男朋友肯定会精心给她准备一份浪漫的礼物，倘若遇上素儿姑娘的生日或者是情人节、恋爱纪念日，那就更不用说了。在男朋友的宠爱之下，素儿姑娘变得越发娇弱起来，像手指不小心划破了这样的小事，也要打电话给男朋友寻求安慰。他的男朋友虽然无奈地说她像个孩子，任性又刁蛮，但是谁都看得出言语里满是疼爱。安抚之后，还要送上一份礼物，名曰"安慰礼物"。

我们都无比羡慕素儿姑娘能够找到一个这么好的男朋友。当然，我们也在内心猜测，说不定等以后结婚，一切就都变了。

但让我们费解的是结婚后的他们更加甜蜜了。从男朋友变为丈夫，他并没有热情减退，而是更加拼命地保护她、爱惜她。他经营着一家公司，每天拼命工作，只为给素儿姑娘丰厚的物质生活。

恋爱时，素儿姑娘是被男朋友疼爱的公主；结婚以后，素儿姑娘是被丈夫宠爱的贵妇。一旁的我们羡慕不已，但同时也暗自猜测是不是男人有钱就会学坏，素儿姑娘的老公会不会有一天也变坏？

针对此类问题，素儿姑娘只是浅笑。她说结婚多年，他心里只想着换车换房，为我换衣换包，但从来没想过要招蜂引蝶。

被幸福包围的素儿姑娘万万没想到，大波大浪正向她袭来。不久，她丈夫因为一桩事情被逮捕，公司也濒临破产，很多客户来找素儿一家吵闹，员工也都威胁他们尽快发工资。面对这些，家里也乱成一团，公公婆婆每天唉声叹气，素儿安抚公公婆婆说还有她在呢。公公婆婆听了素儿的话，先是震惊，后是质疑，他们的眼神里写着三个字：你行吗？

"你行吗？"换成任何人都会这样问，素儿只是一个柔柔弱弱的软妹子而已，平日里家里大事小事都要丈夫做主，她什么都不懂，她只爱美容、旗袍、茶道、花艺，她什么时候参与过公司事务？

这样的乱摊子，她行吗？

"我行！"素儿柔柔地吐出两个字，声音虽小，但是眼神坚定。

接下来，素儿便开始实施一系列拯救公司和家庭的计划。首先，当然是去看望她的丈夫。几天不见，她的丈夫憔悴了许多，素儿心疼不已。她的丈夫对素儿说，他现在已经一无所有了，她怎么选择，他都同意。素儿听出了弦外之音，丈夫是不想拖累她所以才会说出这样的话，但是她又怎能在这样的时刻抛弃她的丈夫呢？不，决不！她要和丈夫同甘共苦。素儿流着眼泪问丈夫是否真的犯法了，她丈夫坚定地说"没有"，素儿一颗悬着的心这才安定下来。只要没有违背法律，那么一切都好办。素儿让丈夫好好照顾自己，安慰他说家里有她，她会好好照顾老人和儿子，请他放心。

接下来，她联系到自己的一位律师朋友，请求他帮丈夫打官司。然后她又开始着手解决公司的事务，与副总、高管、骨干员工以及重要客户一对一面谈，诚恳地向他们解释情况并请求他们的理解和支援。她团结公司一切可以团结的力量，搜集一切可以搜集到的证据。

在素儿的管理和补救之下，公司慢慢恢复了正常运转，大家也不再嚷着要离职了，公司里的员工一个个对这位平时一向不管公司事务的老板娘刮目相看，为她竖起大拇指。他们议论说平日只见她关注时装、化妆品、香水、养生和孩子，最多也就是来公司为老总送送饭，怎么能把公司管理得如此井井有条？

在经过素儿几个月的东奔西走之后，她的丈夫终于无罪释放。看到完好如初的家和公司，丈夫对素儿满是感激。他本想将公司交给素儿打理，可素儿却摇头说："我才不要那么操心呢，我得想着美容、旅行、老人和儿子，你负责赚钱养家，我负责貌美如花。"

素儿突然出现在公司，又从公司中悄然身退，仿佛一切都没发生过，又开始了她那每天悠闲享乐的贵妇生活。

03

听闻了素儿的这段经历，大家都很奇怪，作为"软妹子"的她，面对这种大问题怎么能做到如此波澜不惊，而且还能如此快速地处理好问题？在与素儿小聚的时候，我也问了她这样的问题。素儿告诉我说："我出生平凡，读书时靠努力考入名校，毕业后靠努力考进单位，幸好我遇上这么好的丈夫，才换来如今这么幸福的生活。旁人只见我过得体面，却不知我背后的努力。其实我学习进步的脚步从来没有停下过，我对自己不敷衍，那么生活也不会对我含糊，至于我以前表现出来的任性，不过是为了给我们单调的生活增加一些调味品罢了。"

素儿饮尽一杯酒，坦诚地告诉我："亲爱的，坏事有可能会是好事。有时我甚至感激当时遇到的挫折，现在我的心里特踏实，无论是对丈夫，还是对生活。"

我听得出素儿的言外之意，做贵妇，要有做贵妇的资本，还得付出做贵妇的代价，得到与付出永远是对等的。这才是聪明的女人，她永远懂得自己的位置，进退得失，收放自如。

现实不会永远温柔，有阳光明媚也会有电闪雷鸣。而我们要做的就是在阳光的日子里灿烂如繁花，在风雨的天气里坚强如松柏。

如果人的一生从未遇到难题，那么他可能会丧失思考能力，因为顺风顺水的日子会让他习惯了坐享其成。所以说，挫折有时候是一笔财富，它能帮助我们去思考，能促使我们去学习，能激励我们更加勇敢。

第四章

爱情从来不是必需品，生活才是

能一个人精彩，才能与全世界相爱

　　大龄单身青年最怕什么？可能最怕父母催婚。他们最不愿面对的场景，可能就是过节时，亲戚们询问他们有关婚姻的问题。

　　实际上即便他们事业有成，外表再风光，在亲友眼中如果一直单身也是悲惨的。他们觉得没婚姻就是不正常，老了一定孤苦伶仃、凄凄惨惨。

　　可是单身真的这么惨不忍睹吗？难道只有婚姻才是一个人唯一的归宿？

　　也许很多人会想起当初那奏响《结婚进行曲》的礼堂是多么美好，但是走进那美好礼堂的日后，不一定代表着婚姻的美好、幸福的持久。你为婚姻付出的成本可能比单身还要大：每天都要过着柴米油盐、在菜场讨价还价的生活；疲累地奔波于职场与孩子的补习班；晚上老公的臭脚、臭袜子，"熊孩子"到处乱放的脏衣服都要收拾；好不容易得空，还得绞尽脑汁地讨好双方的父母，调解好双方的亲朋好友之间的关系，还要时刻留心夫妻之间的关系是否出现了什么问题。

婚姻是门极度需要平衡、终身学习的功课，每一件平衡好的事件里，都藏着委屈、忍耐、挣扎和不得不接受的情绪。在婚姻里，从来都有着说不清、道不明的难言之隐。

有多幸福，就要吃多少苦、受多少累、操多少心。上天从来都是公平的，幸福的背后必定有看不见的辛苦。

更有甚者，在婚姻里把爱过成怨，把情愿过成隐忍，一千次、一万次怪自己当初瞎了眼，但要从婚姻的围城里走出来，却非易事。分割精神上的依赖、经济上的纠葛、情感上的牵绊，不管哪一样都很艰难。

从婚姻的围城里走出，能够挥挥衣袖不带走一片云彩的人，都是极其强大和独立的狠角色，比如安吉丽娜·朱莉，比如王菲。为孩子、为爱情，是很多人不肯离开的理由，但是经济独立、精神独立的女人，能养活自己，能养一家老小，能够不依赖他人而幸福地过自己想要的生活。

但这样的女人毕竟少之又少，更多是如你我一样的普通人，都知轻重，都知不易，都懂个中滋味。

单身，其实是对婚姻选择慎重的一种表现。单身的另一层含义在于快乐，能一个人精彩，才能与全世界相爱。

单身的时候，可以随时来一场说走就走的旅行；单身的时候，可以有大量时间去做自己想做的事；单身的时候，可以让自己变得更加独立；单身的时候，电视遥控器永远在自己手中，不用等洗手间，不用去记老也记不住的纪念日。

单身就意味着自由，意味着做优秀的自己，哪怕晚一点，也可以站在更优秀的他的身边。

单身也可以让日子过得有滋有味、精致有趣：有工作，有爱好，有二三知己，经济独立、精神富足，潜心学习，平常地对待每一个人、每一件事，在自由的世界里滋养丰盈自己。

说真的，你单身着真的没影响谁。当然，不能不自立，不能一直啃老，做父母的寄生虫，不能把缘分物质化，不能"这山还看那山高"，我们应努力脱离对别人的依附而取得独立。

更多选择单身的女性，真的只是因为那个人还没出现，感觉不对，不想将就，所以选择吃自己做的饭，花自己挣的钱，做自己喜欢的事。我一直都很敬佩单身的女友们，她们面对父母的不断催婚，面对七大姑八大姨的各种猜测，承担各种各样的压力，但她们没有因此选择将就。

有一个贴心的伴侣能够拥抱彼此，相互疼爱，共度此生，是一件美妙的事情。可爱情从来只能在恰当的时间才能遇到对的人，早一点或晚一点都不行。

总有一盏灯为自己而亮，总有一个人在家等候自己，那样的温暖让人会感到又柔和又暖心。一个人自有一个人的精彩，但别抱定终身不嫁不娶的决心。

婚姻的事，急不来。慢慢等，幸福总会来。男女同理。

单着，不一定代表不幸。晚点遇到你，定会是最好的你。

为什么越成熟越难爱上一个人?

我的朋友芝麻马上就要三十岁了。

三十岁意味着什么?古人说三十而立，三十岁意味着一个人该成家立业了，事业和家庭都渐渐稳定了。但芝麻认为，世界那么大，变化如此快，只有不断上升的实力，才能给自己一份稳定和踏实。这份能力，芝麻有，她上进、勤奋，一年又一年，付出所得到的回报让她欣慰，也感到满意。

可是感情呢?她到了三十岁可还单身，情感的空窗期已经很久了。

她习惯了一个人的日子，其实没有别人想象中那么寂寞，只是平淡、从容、自由，保持着自己喜欢和适应的节奏。一个人吃饭，一个人睡觉，一个人看电影，一个人听歌，一个人健身，一个人在夜晚看月亮，一个人安静地品茶，一个人认真地阅读。

有人给她介绍适龄的男士，芝麻见识过相亲的老套路后，总感觉差了点什么，常常只见一面就没有了下文。

当然也有人主动追求她，什么鲜花、礼物、旅行邀约纷至沓来。芝麻也试着相处过，可总也没有一种想牵手过一生的踏实感。她总觉得差了一点感觉，至于这种感觉是什么，芝麻自己也搞不清楚。

有人说，她太挑剔，太计较，要求太高，不愿意将就。也有人说，她经历得多了，成熟了，现实了，很难被异性强烈地吸引了。

芝麻说，可能是因为越成熟就越难爱上一个人吧。

02

越成熟就越难爱上一个人吗？知乎上有一个非常热门的回答："不是越成熟越难爱上一个人，是越成熟越难分辨那是不是爱。"

爱是什么？什么才算是爱？每个人在不同的阶段，都会有不同的答案。

曾经，年轻的爱那么简单。爱上一个阳光男生，只因为他的三分球投得好帅；爱上一个活泼女生，只因为她的马尾一甩一甩，活泼又可爱；爱上一个文艺男生，只因为他写的诗里有海子的忧郁味道；爱上一个知性女生，只因为她穿着白色衬衫、牛仔裤，有一种清新的感觉；爱上一个老实男生，只因为他默默地陪伴着你走过一条条小路；爱上一个安静女生，只因为她的一根筋有着特别的呆萌。

年少时的爱情，那样张狂、莽撞，会撒娇、能卖萌；年少时的爱情，是那样纯粹、勇敢，两个人分吃一份煎饼果子，两个人同喝一杯果粒奶茶，两个人在上课时悄悄地对望，两个人生气时互不理睬。

如今想来，那时的爱情仍然有一点点懵懂和羞涩，让人有一点点的憧憬和心动。

或许，就是因为这样，才会有那么多怀念青春的文字、电影、电视剧，以及藏在回忆里的不曾忘却。

03

为什么越成熟就越难爱上一个人？是因为曾经伤过吗？

飞蛾扑火、奋不顾身地爱过，有任性有撒娇有蛮不讲理，有迁就有违心有委曲求全，然后伤痕累累，拖着疲惫不堪的身心，孑然一身地走在清冷的小巷。灯下，是拉长的孤单影子；心里，是刀剜之后的疼痛。那样的疼该怎么形容呢？就像后背被剥下了一层皮，再要撒上一把盐，还要拿到太阳底下曝晒。

直到结成痂，直到痂落露出一层白白嫩嫩的新皮肉。好像已经全好了，好像已经更好了，好像从来不曾受过伤。可是，皮肉和心里，已记下了那是怎样的经历。怎样轰轰烈烈地爱过，然后又撕心裂肺地离开；怎样从不能面对，到死皮赖脸地强留，再到慢慢地接受，最后把曾经深爱的一个人从生活里剔除，从心里剔除，不再留下一丝痕迹，不再为之浪费一分一秒。

被火烧过的人怕火，被水烫过的人怕水。一旦失去了最初的爱，就会从此关闭心门，从此与爱隔绝。

可是真相只是这么简单吗？那些经历、伤害，不也让人成长了吗？不也让人成熟了吗？不也让人更清楚地了解了自己、认清自己了吗？

成熟，从来不是再难爱上的原因。

什么是成熟？成熟不是掌握一些技巧，是懂得一些道理；成熟是知道什么是自己想要的，拒绝自己不想要的；成熟是清楚什么是自己喜欢的，懂得真爱是稀有的，明白真爱必定是情深的；成熟是懂得自己的不完美，接纳对方的不完美，把两个半圆凑成一个圆。

叔本华在《爱与生的烦恼》里这样陈述：古人类由于变成了杂食科动物，所以不需要像别的动物那样在食物丰富之前孕育小动物，也就没有了固定发情期。古人类可以根据自己的喜好选择异性。这就出现了所有动物都不具备的古人类特有的本能：爱情。爱情这个神奇伟大的东西主宰着一切。每个古人看到自己钟爱的异性都是从这个异性身上看到了自己后代的影子。看到这个异性后，这个主宰一切的"爱情"就发挥了巨大的作用，能让这个古人的生命力特别旺盛，各种腺体异常分泌，体会到前所未有的快乐。

没错，爱就是在对方身上看到自己的影子，有认出"自己"的感觉。

一个眼神就能明白彼此想要什么，一个动作就明白彼此想表达什么，不说话也能感受到彼此浓浓的爱意。

04

芝麻的情况只是特例吗？不，芝麻代表了很多人，他们或许就在我们身边，或许就是我们的亲人、朋友和同事。

李宗盛唱过"情爱里，无智者"，并不是越成熟就越难爱上一个人，是越成熟就越分得清什么该做、什么不该做，拿捏到位，收放自如，懂得自律。不再是一喜欢就追，一生气就发飙；不再打破应该坚持的原则，清楚对的人或早或晚总能遇到，清楚对的人遇到后就再也不会分开了。

成熟的人爱上一个人，不再是无可自拔地陷入爱的泥沼，不再是无法抗拒地心动和义无反顾地沦陷。

成熟的人爱上一个人，如同求取真经一样，历经千山万水，九九八十一难，降妖除魔，得到的是共度柴米油盐的日常生活，是不离不弃的陪伴和点点滴滴的关怀。

越成熟就越对爱谨慎，对爱珍重。

我不缺朋友，我只缺一个你

"我非常喜欢一个人。"

"他喜欢你吗？"

"不知道，或许喜欢，或许不喜欢。"

"你没告诉他吗？"

"没有，我怕表白之后，我和他连普通朋友都做不成了。"

"现在呢？"

"我和他是普通朋友。"

"然后呢？"

"我每天都在纠结要不要向他表白。"

这样的对话，在酒后欲诉心事的夜晚，有没有发生在你和闺密之间？说话的时候，你是否情绪低落、满心不甘？脑子里或许还在不停地问自己："明明那么喜欢，为什么不敢说出来？"

换个场景，在某个突然醒来的凌晨，你的脑子里，勇敢的自己和懦弱的自己不断重复上面的对话，两个小人儿对问：表白？不表白？表白？不表白？表白了会怎么样，不表白会如何？怎样才能和他更近一步？怎样避免失去他？

你给不了自己答案，重新陷入矛盾中，继续抓狂。你总是跟自己较着劲儿，磨磨唧唧，不敢表白，不敢说喜欢，通常有如下理由：

第一，难为情。尴尬症突然发作怎么办？话到口边却说不出口怎么办？表白得不够完美、不够打动人怎么办？

第二，不勇敢。怎么才能知晓他喜欢或者不喜欢我？我向前走了九十九步，可他若是一步也不肯往前走怎么办？

第三，怕失去。最坏的结局不是被拒绝，而是从此各自天涯。他躲着不肯相见，生活中少了他，生命还有什么意义？连太阳也不会让人觉得温暖了。

第四，配不上。他太优秀了，自己太逊了，要不然，等到我变得更优秀、修炼成更完美的自己的时候再去表白？

不去表白的理由可能有一万种，而结局只有一个：他是他，你是你，两条平行线，永远都不会有交集。

这些理由背后的真相是什么呢？是不够喜欢！

听到这句话，可能马上就会有人跳着脚、指着我的鼻尖，颤抖地咆哮："你再说一遍！"

那我会毫不犹豫地启动复读机模式："是不够喜欢！不够喜欢！！不够喜欢！！！"

如果你足够喜欢他，必定朝思暮想双宿双飞与君好，期待被宠、被疼、被怜惜，花样"秀恩爱"。

如果你足够喜欢，必定愿意与他走过生活中的风风雨雨，承担恋爱中的琐碎烦心事，分析、解决工作中的难题。

如果你足够喜欢，必定疯狂地想象你俩结婚时的场景，是选择中式还是西式的婚礼，是到欧洲还是人迹罕至的乡间小村度蜜月。

如果你足够喜欢，必定憧憬温馨甜蜜小家，两个小娃一只狗，一起疯狂，一起慢慢变老。

看完这些"如果"，你确定自己已经足够喜欢他了吗？你连先开口表白都没有，这是足够喜欢吗？

02

表白是什么？表白是向对方去表达自己的想法、心意或爱意。表白不是骚扰，表白不是死缠烂打，也不是自贬身价。表白是两心相悦后，一个人先向前走一步。

你愿意向前走一步，还是在红尘俗世里和他错过？

其实，两个人互相喜不喜欢，当事人怎么可能没有感觉？眼神骗不了人，心思也骗不了自己，表白只是感情积蓄膨胀到一定阶段的小高潮。

在要不要表白这个问题上，纠结、彷徨、对抗等情绪都会出来干扰你，从心理学的层面上解释是外在的一切都是内心的投射。

这时候你就该去反思自己的内心了：真的足够喜欢吗？足够到去表白吗？

想明白，便会懂得表不表白是你的事，答不答应是他的事。

在茫茫人海里，遇到一个你真心喜欢的人，是多么幸运、多么欢喜、多么幸福的一件事。有些人，终其一生也遇不到对的人。有些人，遇到了却只能擦肩而过。还有些原本能够在一起的两个人，却因为没有表白，为了避免结束两个人之间的朋友关系，就成功避开了一段情缘的开始。

该不该表白，是一时痛苦、长久煎熬或拥抱幸福的三选一的问题。奋不顾身地去说一声"我喜欢你"或"我爱你"，把最真诚、最炽热、最柔软的心掏出来，把勇气、果敢和痴心、真心凝聚在表白上，难道不是喜欢与爱的原本色吗？

不开口，没人知道你喜欢他；不去行动，他会接收不到你的讯息。

大声说出你的爱，有这么难吗？

最坏的结果不过是"我们还是做普通朋友更适合"，可那又能如何，你们本来也是普通朋友，表白不一定可以让你们的关系更进一步，但总好过表白前内心挣扎、自我折磨、疯狂自虐，忍受细火慢烧的煎熬，让一条无形枷锁捆绑、撕扯，让人无处躲闪。

03

暗恋就像一团巨大的情感乌云，始终笼罩着你的生活，让你的岁月黯然失色，让你的世界日复一日地阴雨连绵。

勇敢表白，从此心里踏实，有了尘埃落定的真实感，总好过让自己不断猜测，不断把大把的时间付诸无用的空想。这是放过自己的方法，也是聪明人最后的解脱。

顾城在《避免》中写道："你不愿意种花。你说，我不愿看见它，一点点凋落。"是的，为了避免结束，你避免了一切开始。

请将土地、阳光、水和肥料给予情感的种子，给它开花结果的机会。请将表白给予喜欢和爱的人，有了最初的表白，才有后来的相亲相爱、相扶相持、相伴相欢。

足够喜欢，就要表白。你喜欢的那个人，恰好也喜欢你，和你一样，不敢说，不敢表白。待你表白之后，时光静好，与君语；细水流年，与君同；繁华落尽，与君老。

退一万步来说，即使他没有回应你"我们在一起吧"，这也会在他心上留下重重的痕迹，记得你那么直爽，那么奋不顾身，那么坦诚勇敢，那么火辣热烈。可能他就会在某一刻再次见到你时怦然心动。

表白，是知道心上人喜不喜欢你的最直接的方式，是给自己一个交代，赌一个相爱的机会。所以，放手去表白吧，即使被拒绝又如何，理直气壮地回应一声"我不缺朋友，我只缺一个你"，也是气场十足。

要输就输给追求，要嫁就嫁给爱情

　　"90后"的妹子一白喜欢上了一个男生。每每提起那个男生，一白的表情都能让人想到杨万里《晨炊横塘桥酒家小窗》中的两句诗："饥望炊烟眼欲穿，可人最是一青帘。"她觉得那个男生是"五高人士"，即个儿高、颜值高、学历高、智商高、情商高。

　　对那个男生的迷恋害得一白食不知味、夜不能寐，时常走神，时悲时喜。可是她却远远望着那个男生，不敢靠近他一步。朋友问她为什么不追，她无奈地说："女追男没有好结果，这样的道理都不懂？女人就是被动的生物，这都不知道？"她认为被追的人都会傲骄，主动的人永远处于下风，本来那个男生就高冷，她要是主动，对方不得更加冷艳高贵了吗？

陈奕迅《红玫瑰》里说："得不到的永远在骚动，被偏爱的都有恃无恐。"所以一白始终认为，得不到的才是最好的，轻易得到的往往都不被珍惜。如果她主动送上去，那个男生肯定会看轻她，那以后怎么和他相恋、相知、相爱，相濡以沫地生活一辈子呢？

最重要的一点，一白觉得他太好了，而她太差劲了，个子不高，学历中等，除了皮肤白，好像没有什么优点了。她认为，现在她和那个男生还是普通朋友，如果追到了，万事都好说了；如果被拒绝了，恐怕连普通朋友都做不成了，连站在一边悄悄看他的机会都没有了，那让她怎么办？

其实如今女生和男生一样都是敢拼、敢狠、敢努力。

在学校里，女生和男生一样努力，做同样或更多的习题，全力拿到好成绩，丝毫不输于男生。

在职场上，女生和男生一样奋力打拼，加班熬夜，起早贪黑，尽职尽责，为业绩、为效益拼命向前冲，丝毫不退让。大公司里的女高管都是理性思维与柔性处事的高手。

所以，女生并不比男生弱，女生可以追求梦想、追求事业、追求成功，为什么不能追求自己喜欢的男生呢？为什么不能主动追求幸福呢？

面对喜欢的男生，女生之所以不敢鼓起勇气追，是因为怕羞、怕被拒、怕被笑，缺了勇气和自信。是女追男还是男追女，真的没那么重要，只要结局圆满，能幸福地生活在一起，两个人是以什么样的方式开始的都可以忽略。这世界上，比追上不上更惨的，是错过和遗憾。

女追男，不代表女生的厚脸皮，反而表现了女生勇于争取和表达自己的爱，这样的女生才是真性情，这才是一个聪明的女人。

在我的朋友中，林小姐是女追男成功的经典案例。按照一般的标准，林小姐和于先生好像真不是特别搭：在学历上，林小姐是大专生，于先生是研究生；在性格上，林小姐喜欢动，于先生偏爱静；在爱好上，林小姐爱运动，于先生爱读书；在表达上，林小姐喜欢叽叽呱呱说个不停，于先生却沉默是金；

在着装上，林小姐爱休闲牛仔，于先生却总穿着一套清一色的正装。

是的，当时很多朋友都不看好林小姐追求于先生这件事。一位老大姐甚至苦口婆心地劝她："如果你不去追，你就拥有了一个高品质的朋友。如果你去追，成功了，自然是你好他好大家好；如果失败了，可能就永远失去他喽。林小姐，你要仔细想一想啊！"

林小姐说："你们想到的，我都想到了，你们没想到的，我也想到了。可是我知道，如果我不去追，他也不会成为我永远的普通朋友，他会成为别人的男朋友、别人的老公、别人孩子的爸爸。所以如果我先去追他，他可能就会变成我的，所以我为什么不去试一试呢？再说了，我不去追一追，怎么知道我是不是他喜欢的类型呢？也许他正好也喜欢我，只是不好意思先开口呢？"

善于行动的林小姐很快实施了追求计划。

第一步是变美。男生是视觉动物，即使不能美若天仙，至少也要清丽可人。林小姐爱运动，身材本来就好，她又专门去了化妆学校，学化妆，学礼仪，学服装搭配，快速地变成一名文艺女青年。

第二步是了解于先生。林小姐通过各种渠道，了解于先生的饮食偏好、业余时间的分配、喜欢的作家等，并成功地掌握了滴酒不沾的于先生居然有搜集酒瓶的爱好。

第三步是刷存在感。林小姐会"恰巧"出现在于先生经常出没的图书馆、书店、咖啡厅，最初他只是有点惊讶地点头问候，偶尔说上几句话，后来两个人会就一些作家、作品进行探讨、赏析。再后来，林小姐报了专升本，报的正是于先生研究生所读的专业，这时候林小姐就有充分的理由向于先生请教了。再再后来，林小姐无意间提起老妈收拾杂物的时候，发现了几个老酒瓶，好像是姥爷当年留下的，扔了可惜，留下占地。瞬间，于先生的眼睛发出了亮光。

第四步是突然在于先生的生活中消失。林小姐刚消失的时候，于先生会故作平静，大约三天后，他就忍不住主动给林小姐打电话，一本正经地训话："你去哪儿去了？能不能别玩消失游戏，恋爱就要有个恋爱的样子。"

没错，林小姐成功地追到了于先生，并且让于先生先开口说了那句"我喜欢你"，这才是女生追男生的最高段位。

现在林小姐变成了于太太，他们的儿子已经四岁了。如今，于先生成了运动达人，除了工作时间穿正装，总是和于太太穿情侣运动装。

04

琴姐前阵子找我喝咖啡，一向优雅温和的她，在我面前哭花了妆，她说暗恋了二十多年的学长，突然去世了。上学时，她一直没敢说喜欢他，毕业这么多年来，他一直对她很好，可是他们谁都没有先说一句"喜欢你"。二十多年里，哪怕她表白过一次，她也不会后悔莫及了！

说心里话，男女的亲密关系没有具体的方法和技巧，也没有具体的流程和步骤，是男追女还是女追男，谁先迈出第一步真的没那么重要，相识、相处、相恋、相知、相守，在爱情发展的过程中，最重要的是先努力让自己变优秀，让自己变得更好。

所以，姑娘们，有了真心喜欢的男生，在了解清楚他的人品之后，勇敢地去追吧。万一像祝英台一样，遇到了梁山伯那种雌雄不分的木讷男生，不主动就是错过，那样多可惜！

在这个世界上，嫁给爱情是最美好的事，即使输了又怎么样，只要曾经争取过，就无怨无悔。

真正完美的爱情，就是允许彼此不完美

女友丹是众人眼中的幸福女人，她有体贴的老公、可爱的女儿、娇美的容颜、成功的事业、快乐的生活，大家都说丹是人生大赢家。

丹说："是呀，我就是恐龙级别的珍稀物种，我的爱情、婚姻就是完美的。"

众人扔出"黑弹"砸向丹，说她是个没心没肺的傻妞儿。

丹说："你们真说对了，在爱情里还真得有点傻劲儿。"

没有谁的爱情，可以像偶像剧里的那样灿烂光彩，爱情童话从来不是生活真相，包括幸福女人丹的故事。

丹对老公是因崇拜而喜欢，因喜欢而恋爱，因爱恋而沉沦。当两个人沿着丹幻想的王子公主套路顺利走进婚姻时，丹觉得爱情好完美，自己好幸福，因为那个自己爱着的人也深爱着自己。

公主王子婚后的生活，童话作家们没有再写。估计再写下去，童话就破碎了，完全是鸡飞狗跳的生活剧。

结婚不久，丹发现老公和婚前完全不一样了。她觉得自己应该去买最好的眼药水，或者去看眼科医生，或者用最精密的眼科仪器进行检查。因为她觉得自己的眼睛出了毛病，要不然怎么就瞎了，找了这么一个人呢？

外人眼里光鲜亮丽的他却有不爱洗脚的臭毛病，不唠叨三遍以上，绝对不去洗，洗也就是在脚盆里涮涮水，每次都是丹实施严格的监控，才能达标。

他特别喜欢乱用毛巾，也不管那是擦脸的还是擦脚的，洗完脸胡乱抓过一条就往脸上擦，然后还不归回原位。

他对各种开关永远是只开不关，丹不在家时，家里就像是一座灯火辉煌的宫殿，于是，每天睡前丹都要像宿管大妈一样，挨个检查一遍。

他虽然喜欢做菜，可是每次做完，厨房都像一个战场。这里一片菜叶子，那里几滴水，以及油花四溅留下的一幅幅抽象艺术画。

最让丹抓狂的是，老公背着她偷偷抽烟，并把烟灰弹到了丹最爱的兰花里。

"是可忍，孰不可忍"，丹开始不停地唠叨，而后两个人争吵。终于在某天，两个人全都爆发了。丹对老公狂轰滥炸，如疾风骤雨。她老公先是时不时插上一句，而后是良久的沉默。等到丹终于停口，老公拉住丹的手，深情款款地说了一句："我在你眼里就那么一无是处吗？如果和我在一起生活，真的让你那么不开心、不快乐、不幸福，我们分开吧……老婆，让你受委屈了。"

特别熟悉的剧情，是不是？这种桥段是不是在电影、电视剧中层出不穷？没错，这也发生在丹和她老公身上。

在开始的时候，两个相爱的人爱得恨不能变成连体婴儿，二十四个小时粘在一起，觉得对方是全世界最可爱的人，每一个动作都那么撩人，每一句话都那么悦耳，每一个拥抱都那么温暖，每次犯错误的时候都是那么调皮，连放屁都觉得好像没那么臭。

可是，长久相处后，我们都会发现对方变了。因为无论是动物还是人，都喜欢在对方面前表现出最优秀的一面，虽然这只是个善意的隐藏，可是长久地相处下来，肯定会暴露出各种各样的毛病。

可抛开这一面呢？变了的好像还有我们自己。有句话说："身边无伟人，枕边无美女。"人类是视觉动物，你对着我，我对着你，一天天，一月月，一年年，眼睛麻木了，审美麻木了，感觉麻木了。而后，优点被无限缩小，缺点被无限放大。

人们都忘记了一个关于人与人之间如何相处的哲理：接受对方优点的同时，也要包容对方的缺点。

追求完美关系的秘籍就是接受所有的不完美，这当然包括爱情。这样的道理，人们都懂，但行动起来，却往往很难。

有人觉得受到了欺骗：你以前都是伪装，都是骗我的；有人觉得对方变了，鱼被钓上之后，就得不到善待了。歌词里不是说过吗，得不到的永远在骚动，被偏爱的都有恃无恐。

有人觉得童话里都是骗人的，这世界上就没有什么完美的爱情。

丹说："怎么没有？"

那次吵架后，丹想了很久很久，老公还是有很多优点的。

虽然老公不爱洗脚，可是每次洗脚后，都会给丹打洗脚水，还会在脚盆里放上藏红花等杂七杂八的中草药，说女人常泡脚对身体好，养颜又养生。

虽然老公乱用毛巾，可老公爱洗衣服，即使是用洗衣机洗的，每周洗床单、被罩的事，全由老公包了。

虽然老公会把厨房弄得乱七八糟的，可老公做菜好吃啊！什么红烧狮子头、西红柿炖牛腩、培根比萨、黑椒牛柳意面，每一样他都会勇于尝试。

虽然老公把烟灰弹到了兰花里，可是央视的节目里不是说过吗，烟灰可以有效治疗花草生虫，老公是在为兰花进行治疗啊！

虽然老公应酬多、工作忙，可是从来没忘记过他们的结婚纪念日和丹的生日。

每次吵架最后认错的总是她老公，从来不让她把气带到第二天，老公说睡觉时生气伤身体。

每次吃大骨头，老公都会把骨髓给丹，说生过孩子的女人一定要补钙，要不然将来骨头会脆，变成"玻璃人"就惨了。

还有更关键的是，丹突然意识到自己也有那么一大堆缺点，老公好像从来没指责过她。

丹是天秤座，有选择障碍症，连早上擦什么颜色的口红都会纠结，她事事要让老公拿主意，老公有时也会皱眉，但最后总能给她一个特别称心的答案。丹一件事想不通就会钻进牛角尖，不停地折磨自己，每次都是老公把她拉出来。

这样想下来，丹觉得自己赚大了，从此和老公恩恩爱爱，这才有了我们看到的举案齐眉、比翼双飞。

爱不是空中楼阁，不是梦幻故事，不是玛丽苏的电影、电视剧。爱要落在地面，走入红尘纷扰，有喜有乐，有悲有痛，有无奈，有不安。爱要学会接受生活中的疲惫、无聊和琐碎。唯如此，才自然而长久。

因为爱，我们要接受另一半身上的不完美，体贴另一半在回家之后表现出来的疲态和懒惰，心疼另一半不为人知、不善伪装的另一面，扶持另一半走出事业失利时的烦躁。

情出自愿，才会甘之如饴。好的爱情，就是无论相处多久，都还能看到对方的闪光点，都能让对方越来越好；好的爱情，彼此接纳、彼此成全，才能走得更远。

与其"绑架"别人，不如成就自己

用"没有爱了"作为离婚理由的人很多，我的朋友王小兔是其中之一。

王小兔习惯通过微信向我吐槽她老公李小宅的斑斑劣迹，痛诉新仇旧恨。

李小宅并不宅，反而一个星期有四五天是半夜醉醺醺回家的；李小宅懒得简直长出了白毛，换下来的衣服放臭了都不洗，袜子底儿穿得变硬了，还到处乱扔；李小宅总是站在他父母那边，不维护老婆的面子，他父母永远都是正确的；李小宅玩上魔兽世界能忘了全世界，连女儿都不理……

王小兔说着李小宅的种种缺点，我骂她："当初你怎么选择的他呀，你瞎呀？"

王小兔说："以前的他不那样，他对我可好了。"

我问："'可好'是怎么好？"

王小兔说："就是所做的事都和现在相反，他就是只大尾巴狼，以前全是装的，现在终于露出真面目了。"

王小兔总结道，现在她对他已经完全没有爱了，只有讨厌，她要离婚！

"没有爱了，要不要离婚"这个问题不仅是王小兔的问题，还是很多人的问题。只是，有人如王小兔一样把自己的想法告诉了知己，有人将这个想法放在心里百转千回，拼命挣扎纠结。

将两个不爱的人以婚姻之名捆绑在一起，好像没有什么道理。

因为不爱了，他的衣服放臭了，她都不会去碰一下；因为不爱了，即使他和她都坐在客厅里，房间也只有电视的声音；因为不爱了，他直接睡沙发，她独睡一米八的双人床；因为不爱了，他和她吵架，说出的话像刀尖一样锋利，刀刀戳心。

这些都是初入婚姻时想要得到的吗？还记得当时两个人结婚的初心是什么吗？咱们来分析一下。

从社会层面上来讲，走进婚姻的人，是人类社会稳定和发展需要的坚定执行者。建立一个稳定的家庭，以互助的方式得以生存，这会节省大量的社会资源，减轻社会负担。建立家庭的人会有一个固定的伴侣，这会维持良好的社会秩序，还会养儿育女，完成人类社会延续的大任。为了将婚姻进行到底，两个人携手，领取了具有法律保障的合同——结婚证。

从个体需求这点来讲，每一个走入婚姻的人，都带着"公主王子从此幸福生活在一起"的美好愿景，从此人间多了一个疼你懂你爱你的佳偶。你为我夜半披衣送暖，我为你洗手做羹汤；你为我遮风挡雨渡难关，我为你软怀暖手送真情。夫妻俩举案齐眉、互敬互爱，相互依靠、不离不弃。

多么美好的初心，怎么就在婚姻里变得面目全非了？曾经深爱的那个人怎么就变得如此让人厌恶了？

科学家给出了答案。研究成果表明，爱情的保鲜期是十八到三十个月。研究指出爱情其实是由大脑中的化学物质多巴胺、苯乙胺和催产素组成，类似一种"化学鸡尾酒"，时间长了，人体对这种物质产生抗体，所以两年就失效了。

科学家赢了！我们可以把责任推到化学上，推到没有爱上。可是，身边有那么多幸福的夫妻，为什么岁月静好只属于别人的婚姻？

这让我不得不说一说夏末和路照这对儿。二十几年婚姻走过来，如今他们会一年一度出国游，一季一次远途游，每个周末近郊游，工作之余，夫妻俩做瑜伽都在一起。

作为他们夫妻俩的闺密加哥们儿，我深知如今他们拥有的这一切曾经历过什么样的挣扎、无助和折磨。

曾经，泼辣的夏末直奔路照的大学女同学家中质问两个人的关系，差点大打出手；曾经，路照因为夏末一度迷上交际舞喝了半缸山西老陈醋；曾经，夏末觉得路照的鼾声让她抓狂，整夜难眠。你争我吵、冷漠暴力，都曾是两个人之间经常上演的戏码。

"没有爱了，离吧！"这样的话，两个人都向我说过，可是也只是说说而已，快活了他们俩的嘴巴，却从来没有采取实际行动。

他们笃信爱情转淡以后，要坚持下去，定会重新变浓。在二十几年的婚姻里，变的不仅仅是对方，更主要是自己也在变，要在自己身上找问题、想办法，心疼对方，让对方感受到爱在、情在、婚姻在、家庭在。感冒时的一杯热水，生气后的一个拥抱，起落间的一声平安，才会有年迈时的不放手。

法官晓蔷姐姐讲过她在法庭上听到的离婚理由：

"我们过了这么多年，儿子都这么大了，我从没得到过他的一个吻。"

"我得了精神疾病后，他把我照顾得太好了，让我渐渐失去了独立生活的能力。"

"有一次我和战友喝多了，让她倒杯水，她说怎么不喝死你。"

"我头发烫了都一个月了，他居然没看出来。"

这些看似奇葩的原因，都成了离婚的理由。背后的真相却是这样的：没吻过的那个人默默做了几十年的早餐；照顾得太好的那个累得在办公室椅子上都能睡着；不肯倒水的那个清理了老公酒后的呕吐物；没看出烫了头发的那个把全部的收入都交给老婆……

你不爱我了，可是我爱你啊，你是我的牵挂，是我愿意全心全意付出的那个人，你不爱了就想分开，可是我还爱着呢。结婚时会问两个人是不是深爱对方，离婚时是不是也应该问一下，是不是都不爱了呢？

更多时候，婚姻是场独自的修行，不全是靠爱维系，爱没有那么多，不可能总保持热恋状态。再说了，那样的状态久了，人也受不了，太热也会伤到人。

在现实生活中，工作的压力、生活的琐事、家庭的纠纷是非，会消耗大量的精力。世界上没有什么事是不需要花费时间与精力就可以做好的，包括婚姻；婚姻的长久，更多是靠相濡以沫、彼此扶持的情分维系。

这个世界上，没有险些离婚的家庭吗？爱本来就是时淡时浓，时远时近。婚姻里总会有无数次的剑拔弩张，无数次恨自己瞎了眼睛的时候，无数次觉得对方陌生的时候，无数次将一个人从温柔美丽变得疑神疑鬼的时候，无数次将一个人从善解人意变得歇斯底里的时候。

世界上有那么多人，走到一起不容易。就像网络段子说的，土豆跟西红柿本来不是一个世界的，但却走在了一起，因为土豆变成了薯条，西红柿变成了番茄酱，而成了绝配。感情亦是如此，没有天生合适的两个人，需要的是彼此包容、理解、改变。

在婚姻里，与其"绑架"别人，还不如做好自己，只有做好自己，潜心修行，才能变成更合适的彼此，才能成就最优秀的彼此！

很感谢你能来，也不遗憾你离开

有段时间，小仙儿姑娘像炸了毛似的，一和我见面便说："老娘要气炸了。"

这个温柔贤良的文艺女青年，素来知书达理，却突然暴跳如雷、气急败坏，把她逼成这样的人，是她男友的前任女友。

小仙儿是个自由职业者，经营着一家实体店和一家网店，线上线下同时销售，事情就出在网店上了。

网店是小仙儿男友给她申请注册的。名字、密码、保证金，一切与注册相关的事宜，都是男友帮忙搞定的。小仙儿当即对男友进行了高度的表扬，并给予了各种精神、物质奖励。

有实体店做后盾，加上男友的专业摄影技术，小仙儿充分发挥了微博、微信朋友圈、QQ等的宣传作用，各路朋友都热烈支持她的生意，网店经营很快就有了起色。

可是，事情在两个月后有了神奇的转折。

有一天，当小仙儿登录自己的网店旺旺的时候，显示密码错误，她揉揉眼睛，以为自己输入错误，再输入了一次，还是显示错误。

小仙儿急了，立即给男友打电话，男友直奔小仙儿店里，汇报说密码没改，但是收到一条短信，说什么异常登陆，请及时更改密码之类，他没在意，就把信息删掉了。

小仙儿觉得肯定是被盗号了，她连忙用资料把密码改回来了，设置成了超长、超复杂、超难记住的那种。

结果到了第二天早上，小仙儿一登陆，又显示密码错误，而且男友也没收到淘宝发来的信息。

小仙儿这才明白，肯定不是盗号，而是有人故意为之。聪明的小仙儿又将密码改了，登陆进去一看，注册旺旺的邮箱变了，支付宝账号也变了。

小仙儿问男友，男友云里雾里说不清怎么回事。机智的小仙儿当即把保证金冻结了，以防万一，钱在心安。

看到支付宝的电话号码，小仙儿心里打了个转儿。让男友看下号码，问这是谁的号码？男友脸色都白了，立马坦白交代：
"其实我不懂怎么开网店，但我前女友曾经开过，所以我就请她
帮忙了，这个号码是她的。"

小仙儿的脾气瞬间就上来了，质问男友是不是还和前任藕断
丝连、拖泥带水，是不是还想破镜重圆、旧欢重拾？

男友脸色从白转红，从红转紫，说话都结巴了："不是……
我跟她早已断了联系，要不是为了你，我根本不会去求她。"

小仙儿脸色越来越差。

小仙儿男友说："你别急，我这就打电话给她。"

电话刚打过去，对方就接了，对所做的事供认不讳，并且
说："你以为我是帮你女朋友？我是想为我们的重新复合创造机
会。我心里一直有你，一直没忘记你。"

小仙儿男友说："我告诉你，我们已经结束了，没有希望再
在一起了，所以你别再跟我纠缠了。"

前任说："你们一天没结婚，我们就有希望。"

小仙儿男友说："咱们就不能分手了之后做普通朋友吗？"

前任说："不可能，要么做亲人，要么做仇人。"

小仙儿男友说："你神经病呀？"

前任转变态度，哀哀怨怨地说："如果你不想复合，为什么
我说半夜遇到劫匪了，你还到车站接我？"

男友说："我以后再也不会了。我求求你，不要阴魂不散地缠着我，我们结束了！"

前任说："不，不能结束，你还没结婚，我有追求你的自由。"

男友说："我明天就和小仙儿领证，以后我生是她的人，死是她的鬼，这下结束了吗？"

前任在电话里号啕大哭，男友握着电话，咬牙切齿。

小仙儿抢过男友电话，酷酷地说："别哭了，我警告你，你盗用他人信息，我已经拍照、录像留了证据，还有这次通话我也做了录音，我随时可以起诉你。"

前任的哭声戛然而止，问："你……敢吗？"

小仙儿听出前任的胆怯，斩钉截铁地说："要不你试试再盗一次？"

电话里终于传出挂机的声音。

事情的结果是她男友的前任终于偃旗息鼓了。

在痛彻心扉的事实面前，男友第一时间换了手机号码，发誓再也不与前任有任何联系，从此老死不相往来。

小仙儿关闭了原有的淘宝账号，新的网店重新开业了。

只是，男友的前任女友这事成了小仙儿心里不能碰的痛。

前任猛于虎，防火防盗防前任。

前任分三品。

上品是不联系且祝福，参考网传莫高窟出土唐代休书内容："愿娘子相离之后，重梳婵鬓，美扫蛾眉，巧呈窈窕之姿，选聘高官之主。解怨释结，更莫相憎。一别两宽，各生欢喜。"

中品是断得干净，不相往来。恩爱也好，冤家也罢，不管谁是谁非，淡去水火不容的恩怨，掐灭旧情复燃的隐患。

下品最可怕，要么对前任死缠烂打，要么恶语中伤、想方设法报复前任，总之让对方活得不舒服，自己心中就会各种爽。

李碧华说："爱情，不是太饿，就是太饱，不是赔尽，便是全赢。"

众生皆苦，纵然情深，奈何缘浅。缘分有前有后，早晚而已，没在恰当的时候出现，便有幸或不幸成了前任。

前任就是前任，从此相忘，不打扰，不提起，才是最好的前任。

在电视剧《小别离》中，个人特别不喜欢董文洁总拿初恋就是方圆说事，我不喜欢她的强势霸道，我喜欢方圆的包容、耐心、爱家、顾家、会哄人。可是站在董文洁的立场上，方圆偷偷接受前任陈洁提供的工作，孤男寡女喝醉酒共处一室，这对董文洁造成的伤害是一万点。董文洁阴云密布、狂风暴雨、电闪雷鸣，从怀疑、吵架到闹离婚也就在情理之中了。

这样的感受，就像是自己有辆好车，可是一把钥匙却不小心落在了别人的手里。别人说，我没开，我只是在车附近转转。可是不是你的车，有什么好转的？安了什么心？安了什么心路人皆知，无非是想偷这辆车，你有那工夫不如去找属于你的车，把车技练好。

对前任这一敏感生物，"瓜田不纳履，李下不整冠"这样的古训要时刻牢记于胸。远离前任，给自己一个安宁，给现任一个安心。

在我们心里，既要对前任感恩，感谢他能来到我们的世界，又要不在他离开的时候恋恋不舍、藕断丝连，这才是最好的。

第五章

我值得，我允许，拥有自己的幸福人生

丈量自己的，从来不是别人的眼光

01

当接到同学会通知，你心潮起伏，连续几晚没睡好，脑海里不时浮现出大学时候的片段。十年未见，他们都变了吗？是变漂亮了、变成熟了，还是和镜中的你一样，被眼角的细纹轻易暴露了时光的残忍？

你感叹岁月无情，在见老同学之前，心脏怦怦乱跳，既有小紧张，又有小憧憬、小盼望。

做个新发型，穿上得体的套裙，轻扫蛾眉，淡抹朱唇，你对镜子里的自己笑笑，感叹岁月的强悍。你心里暗暗给自己鼓劲儿，青春底子仍在，又能比别人差到哪儿去呢？

滴滴专车送你到酒店，下车走进大堂不过几分钟，你见到了熟悉又陌生的面孔：一个男生把宝马交给泊车小弟，另一个男生锁好了保时捷卡宴，还有一个从奥迪Q7走出来的女生。

你原本提着的气，分分钟泄了一半。几个人同时喊："嗨，老同学，你还是老样子。"

"你还是老样子"成了你当晚听到最多的一句话，可是这怎么可能呢？岁月能放过谁？大家都在变，麻秆挺起了啤酒肚，胖子变得健壮了，龅牙妹牙齿整齐得可以去做牙膏广告了，从前说话脸红的女生现在变得侃侃而谈了。

觥筹交错，酒至半酣，同学们分成了几伙。话题从读书时的糗事到生意方向，从旧日奖学金到孩子择校，从初恋到老公，从宿舍管理员到名牌手袋，追忆、怀旧、虚荣心，甚至炫耀，在空气里发酵。

不知谁突然说，过几天她去香港买衣服，同学们谁想去的一起呀？你脸红心烦，强坐至散场，不得不在气愤和不解中面对现实：原本不如你的人，在多年后，混得比你好，过得比你滋润，打扮得比你漂亮，身材比你好，比你拥有更多的社会资源，比你更受欢迎，比你更让人着迷，比你更有人脉。

在类似的同学会上，如沐春风者有之，如坐针毡者有之，愤懑不平者更有之。所以这种情况只是常态，同学会恰恰是社会的一个缩影。

隔世经年，再见已非恰同学少年，怎能还用旧日目光去看待现在的同学。经过了岁月的洗礼，人不可能是一成不变的，大家在长皱纹的同时，也慢慢地成长与成熟了。

长久不见的同学早在毕业那天就各奔东西了，大家早就不在一个圈子里了，无论过得怎么样，都不用强行去对比哪种生活是好的。那些频繁举办的同学聚会，多少都有打发无聊生活之嫌，想必平时的生活和交际，也是有些单调吧。

至于心中暗生的羡慕嫉妒恨，多多少少是源于自己的无力感吧。一厢情愿地认为自己比别人过得好，是"学霸"，是班花，是校草，就永远过得比别人过得好。可那样的观点才是最大的不公平。读书时拼的是成绩，可是在社会上靠的是奋斗，需要有天时、地利、人和才能获得一定的成就。

你仔细想想自己究竟占了几分天时和地利，在人心上积累了多少优势资源？

如果没有，那就别眼红、别抱怨、别咬牙切齿，别揪住从

前的荣光不放，别不肯承认自己是个loser（失败者），你的一切
不平之感都源于不能接受现在不如他人过得好的自己，赤裸裸
地暴露了自己的狭隘小气。

　　攀比嫉妒的情绪都源于自己的"玻璃心"，不用谁碰，就会
自动破碎。

　　出生的家庭条件不同，努力的程度不同，就会有不同的人
生际遇，所以人与人之间本就无法比较。这就如同在高速路上
开车，前面永远会有车，超过了一辆车还有另一辆，所以人和
人比得完吗？能比得到尽头吗？

　　你素来只见贼吃肉不见贼挨打，别人豪宅、名车背后经历
了艰苦的奋斗，而你平淡生活的起源是一场又一场游戏和麻将。

　　你见别人爱情甜蜜、夫妻恩爱，可是两个人之间总会有旁
人看不到的争吵、冷战和矛盾。大家都是凡人，各有各的难处，
既有华服美食又有富贵争吵，既有粗茶淡饭又有平常怄气。

　　没有偶然得来的成功，即使是"富二代"，人家的父母当年
也是辛苦打拼才挣下了万贯家财。

　　你不能那么虚伪，一边说着平淡是真，一边又羡慕人家富
足奢华；一边谈着诗和远方，一边又嫉妒人家珠光宝气。你选
择了什么样的生活，就要接受什么样的生活。

　　如果你真的觉得不甘，趁着还有翻盘的机会，就要充分发挥

自己的才能，拼命向前奔跑。打开你的格局，接受人家比自己厉害的事实，让自己事业越来越好，银行存款尾数的零成串增加。

我向来不参加同学会。一是个性使然，更喜三五知己好友细语浅谈，或高雅品茗或浅啜咖啡，或街边撸串或烟熏烤肉，说说干净清澈、不含杂质的心里话；二是深知已过少年时，容颜已改，内心也变，如今的你我怎样重复同窗的故事？

刘瑜在《有关的无关的人》中写道："那些与你毫无关系的人，从认识的第一天开始，其实你就知道。读书时感情笃深的同学，必定一见如故，再见倾心，见证了彼此恋爱、婚姻、事业成长的全部过程。可有些同学，遥远到面孔和名字都不再清晰，即便听到猛料传闻，也只觉得大概可能是同窗吧。"

同学会是一 面镜子，折射出毕业这几年的变化，带来了社会上的烟火气，见证了昔日的老同学现在是阴暗还是光明，是努力还是颓废，是温柔还是粗鲁，是包容还是狭隘。

伤害你的、误会你的、影响你的、轻视你的，究其本质还是你的内在不肯接受现实的自己。

看清自己，做好自己，正视自己，清楚自己想要的是什么。

我们都是凡人，修身养性，走自己路，管他天高海阔，我自云淡风轻，别用他人的眼光来看自己，因为他人永远不会替我们走好自己的路，也无法丈量我们生活的喜怒哀乐。

友情这东西，认真起来比爱情还要刻骨铭心

打败友情的是什么？是时间、金钱、距离、恋爱、家庭，还是岁月无声的变迁？

朋友小灿最近很伤感，因为她想不通，和少女时的闺密之间的感觉怎么说变就变了。她们曾经好到一起上学、放学，一起吃饭，一起去厕所，连内衣、内裤都要穿同款，真恨不能天天待在一起。她们会一起哭一起笑，有了男朋友会第一个告诉对方，和男朋友的第一次亲吻都要征求彼此的意见，分享彼此的快乐，分担彼此的伤痛，收藏彼此的小秘密。

可是隔了十年光阴，再见面，怎么聊着聊着便无话可说了，

怎么就有了那么多的不一致、不协调、不对劲，有了那种以前从来没想过的尴尬？

闺密跟她讲，一个同事仗着家里有钱，开保时捷最新款的Panamera，非名牌包包不背，非一线大牌衣服不穿，张扬极了。可小灿却觉得，人家不一定是炫富，是家里真有钱，所以有资本去买豪车、名牌包包。这不过只是人家的日常，人家父母挣来的钱，给女儿花，好像并没有错。

闺密跟她说，某家的自助火锅超级好吃，可以吃到撑，她们姐妹俩可以一起去吃。小灿却觉得自助火锅还是少吃为妙，她们已经过了新陈代谢快速的年纪，吃下的食物越多，意味着身上囤积的肥肉越多。肥胖的原因是七分吃三分运动，这样的道理天下尽知。

回忆依旧，友情仍在，而谁把两个人之间的默契偷走了呢？小灿心里觉得酸酸的，她仍旧关心闺密的恋情发展，期待着对方成为最美的新娘，可是一切就是不对劲儿了，从前的那种感觉再也找不到了。

小灿难过得鼻酸，为曾经青葱的岁月，为失去的感觉而难过。

谁不曾为渐行渐远的友谊而遗憾呢？这样的感触，你我谁不曾有？

刚刚分隔两地的闺密们会叮嘱对方，要每天打电话，发短信，在QQ上留言，在微信上说"早安""晚安"，重大事项一定要汇报，等等。

开始时，双方会严格执行，一天没有对方的消息便会心慌、焦急等待、胡思乱想，直到那个熟悉的名字出现在手机上，可是上面只有一行字"我刚去吃了麻辣烫，把你那份也一并吃了"，直到那个灰色的QQ头像亮起来，发来一个搞怪的图片。

然而我们身边的朋友越来越多，日子不再那么孤单，有新朋友走进我们的生活，可以一起讨论某品牌的气垫粉底更自然，某商场店庆折扣力度大，某本书值得一读再读，某地应该去看一看。

而后，闺密彼此之间的相互依恋不再那么强烈，电话越来越少，QQ、微信常常只回复一个表情，几个小时后回复成了常态。再以后，一周不联系，一月不联系，一年不联系，几年不联系，就这样渐行渐远了。

两个人都还是朋友，谁都不会删除对方，却已不知该聊些什么，从何聊起。

渐渐疏远，无声无息，不知不觉，悄然发生。不是谁变了，是不再参与对方的生活，两个人不再有交集，各自在两条平行线上快速奔腾着。

她在温馨小家里甜甜蜜蜜，你在残酷的职场上奋力打拼；她在研究烘焙和美味的什锦比萨，你在思考项目要进行几轮论证。

这些不同的生活方式，并无好坏之分，只是选择不同，便在一个分岔路口失散了。缘起缘灭，聚散离合，半点不由人。

龙应台在《目送》中写道："所谓父母子女一场，只不过意味着，你和他的缘分就是今生今世不断地目送他的背影渐行渐远。你站立在小路的这一端，看着他逐渐消失在小路转弯的地方，而且，他用背影默默告诉你，不必追。"

亲情如此，友情亦如此。

03

燕子是我闺密，我们俩关系好到她管我妈叫妈，我管她妈叫妈。后来，分隔两地，离开的那天，两个人哭天抢地，仿佛生离死别。此后的日子，联系不多，可是彼此的一切都牵动着对方的心。

　　她的恋爱轰轰烈烈，遭到所有亲友的反对，被我痛斥。我说那不是爱，那不过是一时冲动。她不承认，说我再反对便与我绝交。我坚持自己观点，宁愿她视我为敌。

　　她的婚礼，我没参加，看到结婚录像，我哭成一团倒在沙发上。我无法想象一个城市女孩儿，一个在电脑上做财务报表的会计师，以后会在山村里吃多少苦？她能适应吗？她会快乐吗？她真的幸福吗？她追求的美满幸福是空中楼阁吗？

　　在QQ空间里，看到她老公晒图，照片是燕子的背影，她穿着厚厚的棉衣，拖着一箱山货，用力走在积雪里，她用双脚趟出了一条路。文字说明："老婆去送货。"下面的留言一排排，表达的意思无二：嫂子真贤惠，大哥真幸福。我对着电脑屏幕，泪流满面，打出一行字："请善待她，对她好些，再好些！"

　　两年后，在一个大雪天，我开着车正在高速上行驶，接到燕子电话："大伟，我回来了。"

　　我喉咙一紧，用颤抖的声音说："等着，我去看你。"

　　由于是下雪天，路非常滑，视线也很差，我从车速六十迈提到七十迈，慢慢又到八十迈，可我还觉得路那么长，走得那么慢，心里那么焦灼。

　　到她身边已经深夜十点了，没问她回来的原因，只问："还走吗？"

"不走了，其实……回来一个月了，一直待在家里，不敢告诉你……不敢看你的评论，眼泪挡不住。"

然后，燕子重新做起了财务工作，我忙着工作和写作，联系多是在有事时，彼此商量，出个主意，想个办法。

我们两个人的关系好像淡了很多，但这样的状态才更真实，才是常态。因为这一切都是成长的必经之路。

时间、空间、境遇，让人年纪增长，渐生了皱纹，积累了经验；不同的生活圈子、工作性质、业余生活赋予了每个人不同的气质与生活态度。

在如此情形之下，心境慢慢变得平和，开始接受朋友的到来或离开，疏淡或亲近。

04

前阵子我生病了，接到闺密励的电话，我一句话里夹着十声咳嗽。励先骂我笨蛋、犟种，家人不在，自己就不去医院，就知道死扛，把肺咳出来得了，后来问我身体情况、具体病兆，然后凭着多年临床经验，为我隔空诊断。第二天，顺丰快递小哥送来了励为我开出的中药、西药和后续要吃的补品，里面还有一张详细服用说明。

我们身居两个城市，她却一直牵挂着我，温暖我的心，温暖了这么多年的友情岁月。

时间、空间会改变很多，也会沉淀很多。那些经过岁月涤荡后留存下来的人或事，必是钻石，是美玉，是珍宝。

最好的朋友是什么样子的？是你虽有你的日子，我有我的生活，两个人独立却又彼此牵挂，相互扶持却互不干涉，各自保有秘密；你写字创作，我职场奋斗；你有亲密爱人，我有温馨小家；你爬山观日出，我涉水看鱼虾。

然后，在某一天相约阳光午后，慢饮咖啡，你喝你的卡布奇诺，我喝我的拿铁，聊聊音乐，说说阅读，谈谈时尚潮流，偶尔回忆过往，更多想往明天。

在一起时珍惜，分开后才能不后悔，感谢我的生命里有你，我亲爱的闺密！

我值得，我允许，拥有自己的幸福人生

有一天，朋友小夏用微信发来两个女儿的照片和视频，其中有一张照片特别让人动容：大女儿趴在睡着的小女儿旁边，手指挨着妹妹的小手，眼睛里只有妹妹。隔着手机屏，我都能感受到姐姐对妹妹的那份疼爱和宠溺。

小夏说："姐，她俩可好玩了，现在我和老公下班后就着急往家里赶，觉得家里有盼头。看着她俩，我在工作、生活中遇到的烦恼事就会烟消云散了。"

我逗她："忘了当年你们两口子怎么说的了？"

小夏说："姐……将功补过，明儿我带俩女儿，借你玩会儿。"

当年，小夏两口子在和我闲聊时，提到是否生二胎的问题，给出的答案是不要。

他们列举了不要二胎的几个理由。

一是顾虑经济压力过大，二是害怕耽误工作，三是不忍心打扰两家老人的生活，四是担心无法很好地照顾二宝。

一切都很有道理，是的，这些都是现实，可是当我们考虑得更全面的时候，可能就会对是否要二胎改变了想法。

从另一方面来讲，要二胎还是有很多好处的。

第一，提高抗风险能力，不做失独家庭。

有一天，表哥的女儿突然跟他说："我一定好好活着，要不你和妈的家就是失独家庭了。"表哥、表嫂听完就哭了，他把这话告诉我时，我也如鲠在喉。

这件事的起因是表哥参加了同学的儿子的丧礼。同学的儿子在读大三的时候，突发胰腺炎，离开了人世。同学硬撑着办理了儿子的后事，同学的爱人更是一夜白了头，傻傻重复儿子的最后一句话："妈，我对不起你和爸，我还没孝顺你们呢，你和爸好好活着。"

表哥说："我同学和我都来不及要二胎了，要不然，我一定再要一个，失独是给一对夫妻最为沉痛的打击。"表哥和表嫂都是"60后"。

失独之痛，是无法用文字来形容的痛，就像是把生命里的一切全部抽空，而且无论以后怎么样去努力，怎么样去争取，也不会再拥有。

第二，在人生路上，让孩子能有个相互支持的伴儿。

有一年，我老舅生病了，为了不让舅妈担心，表弟最初对舅舅和舅妈隐瞒了一切，自己跑到厕所抹了半天眼泪。那天后，他就再也没掉过一滴眼泪，一副这都不算事的样子，他每天单位、医院两边跑，根本顾不上自己的小家，每天晚上，都是打个地铺，和衣在我老舅床边眯上一小会儿。

老舅做手术的时候要签字，医生对表弟讲明了手术的各种风险，一条又一条，表弟边看边听边哆嗦，签字时，他的手一直在抖。

手术很顺利，老舅恢复了健康。出院后，老舅跟我讲，如果再多一个小孩儿多好，就有人和他分担这一切了，他遇事也能有个商量。老舅说，希望将来老了，不要生重病，不要住院很久，不要不能自理，不要拖累儿子，因为让他一个人承担这一切实在太累了。

在独生子女当中流行着这样一句话："独生子女不敢死，不敢穷，不敢远嫁，因为父母只有我。"

这句话真戳心，如果独生子女有个兄弟姐妹，又会是什么样的情景呢？

第三，满足了父母的心愿，不给自己留遗憾。

娟子和老公本来都有一份轻闲却赚钱少的工作，他们有一个女儿，小日子过得也算有滋有味。后来，他们要了二胎，便先后辞职，做起了鸡蛋灌饼的小生意。他们的生意做得很辛苦，每天早上都要三点多钟起床。后来他们的生意做大了，便开了个早餐店。现在他们家里的经济条件非常不错，大女儿读高中，小女儿读小学，还在省会城市买下了三处住房。娟子说，三处住房她和老公住一处，两个女儿各住一处。

我问过娟子，要二胎后悔不？如果不要，生活会比现在轻松很多，能有时间看电影、旅行，过自己想要的生活。

娟子说，她从没后悔过，两个孩子让她和老公觉得人生是完整的，每天看到两个女儿，他夫妻俩就觉得，所有的累全都值得了，而且这也圆了婆婆想有两个孙女的梦想。最主要的是孩子们都有了伴儿，有一天，她和她老公不在了，她们姐妹还可以相互照应啊！

我问她，有没有觉得经济上和精神上的压力很大呢？

　　娟子说，要是没有二宝，她和老公可能还没有那么大的动力呢！每天他们夫妻俩的工作都很累，躺在床上都想直接粘在上面，可是只要听到大宝叫、二宝哭，就会第一时间从床上蹦起来。孩子还小的时候他们确实感觉很累，可现在得到的回报也是双倍的呀，只要心甘情愿，哪有受不了的累，哪有过不去的坎呢？只要你想要二胎，只要你自己肯努力，身边的人都会帮助你。

　　有了孩子带来的压力，父母才会有努力的动力，更加有责任、担当和爱，才会成为更加优秀的父母。

　　很庆幸，我有个妹妹。记得小时候，我的玩具被小朋友抢去了，胆小的我悄悄地蹲在角落里哭。妹妹抄起一根比她个子还高的木棍，冲到那个小朋友面前，怒气冲冲地说"还给我姐"。可能被妹妹的架势吓到了，对方迅速把玩具扔到了我的脚下。妹妹对他们说："以后你要是再抢我姐的东西，我见你一次打你一次。"那一年，妹妹七岁。

　　现在我做菜超逊，妹妹却是个大厨，可以为我做一桌子的美食；父母生病的时候，我和妹妹可以共同商量去哪家医院找哪位专家更合适。

　　感谢父母，给了我一个妹妹，让我有个伴儿，让我的幸福有人分享，痛苦有人分担，生命中有了亲人长久陪伴。

　　所以，要二胎虽然很辛苦，但也很幸福，这些都是相辅相成的，只有你熬得住辛苦，才值得，拥有自己幸福的人生。

所谓过来人，都能感同身受

　　我和凡哥因为一件小事，闹得很不愉快，甚至到了剑拔弩张的地步，空气中飘荡着浓浓的火药味。

　　"我这都是为你好"，我脱口而出，心里想着难道还有人比我更爱他？要不因为他是我的亲生儿子，我才懒得管他。

　　"我不用你为我好，我知道自己想要什么，我想做自己，我不是任你摆布的牵线木偶……"凡哥的回击声势不高，火力却很猛烈。听到这番话，我瞬间石化，话刚到嘴边又硬生生地咽了下去。

　　看到我沉默了，凡哥的火气也慢慢消了，他板着月半（胖）

脸，回他的房间去了。他的卧室门依旧半掩着，像往常一样向我暗示和好的有效时间在半小时之内。

让我沉默的不是他有力的回击，而是他说的那番话让我陷入了沉思。他反驳我的那些话，和我当年反抗父母时所说的一样，而我所说的与父母当初说给我听的，不差一字。人家常说，有其父，必有其子，看来，有其母，也必有其子。

谁不曾有年少的时候，想当年，我也曾放荡不羁爱自由。"要自由！要民主！要做自己！"这些都是我年少时常喊的响亮口号。而"我都是为你好"这句话常常是父母朋友对我的劝慰之言，可我以前从未认真聆听过。

老妈总是对我说："你穿长裙丑死了，显得你的小短腿更短了。你要穿短裙，这样才能扬长避短。不是要说，我这都是为你好。"面对妈妈的建议，我不屑一顾："我才不穿呢，雪纺长裙足够飘逸，才配得上文艺女青年的范儿。我要的是那个款儿，这叫个性，小短腿怎么了，还不是因为遗传基因太强大？"

老爸也总是对我说："女儿呀，你不要总是读言情小说，整天情呀爱呀，全是一个套路，腻歪不？你要读一读哲学，这样才会有深度、有思想。不是要说，我这都是为你好。"对于爸爸劝导，我也绝不理睬："我才不读呢，您老人家书架上的那些哲学书，什么叔本华、柏拉图、黑格尔、孔子、老子、庄子，多枯燥，多乏味，多没情趣，读不上一两页，我就会与周公做伴了。"

在我执意要借钱给一个朋友的时候，我的发小对我说："我跟你说，你借钱给他，肯定有去无回。与其将来向他要钱时得罪他，不如现在就直接得罪他，损失更小。不是我吓你，我这都是为你好。"但是我决心已定，不愿做绝恩负义的人："我这么善良的人怎么忍心见死不救呢？人家说得那么可怜，如果不是因为要救他母亲性命，怎么会向我这个久不来往的初中同学开口呢？何况人家又没借多少，我又怎么忍心拒绝呢？"

老师也对我们说："学生时代遇到两件事即亡。一是打游戏，二是搞对象。合适的年龄干合适的事，你们不要在应该努力的年纪浪费时光。"但是我才不信呢，青春就是应该疯狂，青春就是应该挥霍。我就是要标榜个性，活出自我。不然直接按人生快进键，踏入中老年得了，还要青春做什么？

父母的经验之谈、发小的仗义执言、老师的教育宝典，都是希望我可以过得更好。而我只要听到"我这都是为你好"这句话，便会神经反射，统统拒绝，之后还要疯狂地咆哮呐喊：为什么总要用你们的观点来左右我的生活？为什么总认为你们比我更了解我自己想要的是什么？为什么你们要以爱的名义阻挡我追求自由？

你们所谓的"好"，一定适合我吗？你们知道什么样的

"好"才是我需要的吗？

你们的经验早就跟不上时代的步伐了？你们知道那些新事物、新名词吗？你们为什么不能考虑我的快乐和幸福？

"我这都是为你好！"

我不想听！不想听！！不想听！！！

长大以后，那些走过的弯路、掉过的坑、摔过的跟头、流过的血，真真切切告诉我一个事实："我这都是为你好"真的全都是为我好。

在一次次被嘲笑穿着不得体后，我终于开始醒悟原来腿短的人真的不适合穿长裙。现在我的衣柜找不出一条长裙，因为我终于清楚，高腰及膝裙才能有效掩盖我矮胖的身材。

在经历过与高手对话时只能词穷、傻笑后，我终于懂得了自己的浅薄无知。于是我便拼命读书，尤其是那些我年少时反感的哲学书。叔本华成为我最喜欢的先哲，《人生的智慧》让我百读不厌，我还用半年时间阅读了柏拉图的《理想国》，并认真做了读书笔记。

至于那件我借钱给初中同学的事情，真的如朋友所言。那位同学的母亲后来找到我，她绝望地哭泣着告诉我真相："孩子，你被我儿子骗了，他是赌钱输了才会四处借钱，还编出我得了绝症的谎言。你太善良了，这次他欠你的钱，我替他还上，下次我可不管了。"

毕业多年，昔日同窗各自发展，境遇却有了天壤之别。原因无他，不过是有人浪费了青春，有人却拼命奋斗罢了。那些曾经浪费的时间、偷过的懒，都会造成我们未来生活的平庸或艰难。也只有这个时候，我们才开始悔恨，为什么当初不认真听取父母、老师的教诲？然而时光无法倒流，我们便只好把希望寄托在下一代身上。

03

所以，年轻人，不要再跳起脚来指责对你说"我这都是为你好"的人，不要认为他们是以爱之名对你进行捆绑和控制，他们都是我们的至亲至爱，没有那么恶毒，没有那么残忍，他们只是希望我们过得好而已。他之所以对你用心良苦，也不过是因为曾经的经历而感同身受罢了。

在我们年幼无知的时候，如果没有父母的一句句"我这都是为你好"，我们怎会懂得明辨是非，怎会学会生活独立？在我们年少轻狂的时候，如果没有老师的一句句"我这都是为你好"，我们怎会懂得珍惜时光、努力奋斗？在我们迷茫不安、伤心难过的时候，如果没有挚友的"我这都是为你好"，我们怎能重新振作，勇敢面对生活？

有多少人和我一样，曾视那句"我这都是为你好"为洪水猛兽，宁可相信朋友圈里不咸不淡的闲言碎语，也不相信至亲至爱的良苦用心。其实，我们都不能否认，至亲至爱的那句"我这都是为你好"是基于浓厚的亲情、友情或者爱情之上的。

在这个快节奏的社会，很多人本着"多一事不如少一事，少一事不如不管事"的原则工作生活着，如果不是因为关心你，谁愿意操闲心、管闲事、说闲话呢？

"我这都是为你好"，全部都是用伤疤总结出来的经验，如果不是对着至爱，谁愿意自揭伤痕，回忆往事呢？

或许这些"我这都是为你好"的言辞会引发各种各样的问题，诸如唠叨的烦心、情绪的对立，价值的不同，但是基于其动机是希望你不走弯路，我们也要认真听一听，然后再仔细想一想，这样或许可以减少日后犯错的概率。

《奇葩说》第三季有一期的辩题就是"我这都是为你好"。姜思达说："我不知道未来的道路怎样才是正确的，但是我知道，屏蔽信息的道路一定是错误的。"而高晓松更是点出了重点：旁观者清。

在我和凡哥吵架之后的第十五分钟，他轻轻地把一杯咖啡放在了我的书桌上。虽然他什么话也没说，但是他的眼神却告诉我，他懂得我的用心良苦，或许"我这都是为你好"的真意他会比我懂得早吧。

时间不等人，幸福从来都是靠自己争取

母亲节的时候，在微博和微信朋友圈里，清一色都在感谢老妈的养育、陪伴，表达对老妈的祝福，气氛祥和温暖、热烈动人，其中一小部分内容字里行间弥漫着各种遗憾和后悔，比如老妈在世时不孝，当初很少陪伴她，以前没有常回家看看……

"树欲静而风不止，子欲养而亲不待。"隔着电脑和手机屏，都能感受到当事人那彻骨的疼痛。

可是这些忏悔还有用吗？想当初，更多人想的是，老妈身强体壮、无病无灾，倒不如先把这项工作忙完，先把这份合同拿下，先把这几个客户搞定，先创造更多财富，先实现自己的梦想……要做的事，真的实在太多太多了，忙得让人分身无术，只能把陪妈妈吃大餐、陪妈妈来次说走就走的旅行放在以后，所以总是一拖再拖。

忙忙忙，是听起来最能让人理解的借口，反正最亲爱的妈妈不会像上司一样无情，不会像朋友一样责怪。妈妈永远会等着儿女们，急什么呀？

可事实上呢？当我们真的去陪伴妈妈，才惊讶地发现，原本康健的妈妈已经戴上了助听器，用起了拐杖，味蕾已经退化，眼睛越来越花，可能还有更懊悔的——妈妈已经不在了。

我们总在失去后，或是即将失去时，才痛彻心扉，才醒悟哪些人和事才是对我们最为重要的。孩子会长大，父母会变老，浓情会寡淡，青丝会变白发。世界上没有后悔药，再多遗憾、内疚、气愤、自责，都没有任何意义。

错过今天，再无寻处，你后悔吗？再给今天一个机会，你会怎么做呢？

02

前阵子，一位编剧姐姐决然告别了北漂，回老家照顾已经病得不认识家人的妈妈。当年，这位姐姐悄悄考上北京电影学院的编剧专业，那时她工作轻闲、家庭稳定、孩子年幼，在支持或反对的浪潮中，她先辞职北上求学，后因聚少离多结束婚姻，从此成了单亲妈妈。姐姐痛下决心，不在北京混出名堂，绝不返回老家。十年的拼搏，终于没有辜负她，现在在电视上会偶见她的影视作品，在北京她已经有了自己的房和车。她终于给亲人、自己交出一张满分答卷。她想再拼几年，把父母也接到北京，共享团圆。

可是老家突然打来电话，说她妈妈重病，要她速返。姐姐心慌意乱地登上了飞机，直奔医院。而后在陪床的几个月里，她衣不解带地陪伴，可妈妈早就不认识她是谁了。夜深人静的时候，妈妈会在梦里唤她乳名，一声又一声，听得姐姐泪光盈盈。她拉着妈妈的手，轻喃细语："妈，你再叫我一声，再看看我，再和我说说话。"妈妈沉睡，只闻呼吸，不听言语。姐姐将脸俯在妈妈掌心，那掌心结着老茧，粗糙干硬，已经不是她记忆中的柔软了。

姐姐没后悔考北影，离开家乡，结束婚姻，只后悔以前回家太少。十年间，她在家陪父母的时间加一起都不到一个月。就在那一刻，她顿悟，不能再把陪伴推到以后了，再推真的来不及了。

姐姐被"以后"的变故吓怕了。你怕了吗？

03

"以后"像个神话中的宝盒，装着亲人欢聚的幸福、爱人相拥的甜蜜、闺密相谈的轻松愉悦，装着美食、美景、美事，装着明媚阳光、青山绿水、心花怒放。可那里面，同样藏着太多难以预测的变故、身不由己的离合、突然而来的意外。命运随便开的一个玩笑，便可秒杀一切的争取、努力和希望，用痛不欲生的方式让你瞬间懂得什么叫"后悔晚矣"。

我们总以为以后有的是时间孝顺父母，不想命运就是这样拧巴。你说以后带孩子去旅行，出发才发现孩子已经不喜欢几年前喊着要去的方特欢乐世界和海底世界，他的身高、年龄和思想已经从儿童变为了少年；你说以后要送给爱人漂亮的结婚纪念礼物，结果夫妻缘尽，从此天涯陌路，一切再无必要；你说以后去那家特别的小店，后来却听说了店已关门的消息，只能在脑中幻想着那美味；你说以后去见一位曾经给过你鼓励和帮助的老师，得到的却是老师突然去世的消息，从此天人相隔。

现在永远是最可贵的，所以我们要活在当下、珍惜现在。生活总有遗憾和后悔，但我们要尽自己最大努力使之少之又少。

想陪父母走一走，你便出发，不一定去远处，就在近郊或家门口也好，趁着父母走得动；想给爱人一点浪漫，来一次烛光晚餐，有红酒和迷离的目光，爱情本就需要一点点佐料，趁着你侬我侬、爱意正浓；想陪孩子去游乐场，便坐上过山车，和孩子一起畅快地大笑，趁着孩子天真烂漫的年纪；想和朋友喝茶、侃大山，便约在一起同饮同聊，天上地下、古往今来，敞敞亮亮，说得痛快，趁着彼此情深义厚。

日子呀，每天都是平常，可是日复一日，年复一年，一晃就会从幼年到少年，从少年到青年，从青年到中年，从中年到暮年。在这流逝的时光里，别忙着匆匆奔跑，要确认眼前事，珍惜眼前人。

时间无法储藏，过期作废。把每一天当作最后一天，过好每个今天，是对昨天最盛大的总结，是对明天最隆重的迎接。

在你的计划里，还有多少事可以以后再做，还有多少人可以以后再陪伴、以后再见面？

因为时光匆匆，后悔也晚矣，别在父母情丝变白发的时候，才感慨时间去哪儿了。时间不等人，幸福从来都是靠自己争取，所有的光阴都藏在你的忽视、你的推脱、你忙不完的工作里。回首看看年迈的父母浑浊的眼睛吧，他们正在渴望你的关注，希望你回家！

一切心甘情愿，才能理所当然

闲来与女性好友小聚，聊天内容大多围绕着美容美体、服饰时尚、阅读旅行等，在一阵天南海北的胡侃之后，大家都感觉十分畅快淋漓，潇洒快意的人生正在此间。

这时有人发现，小莫正神思游离、眼含悲戚。不知谁问了一句，小莫便抱怨道："最近我快被婆婆折磨疯了！她来帮我看孩子，这本来挺好的，可她事事都要插上一手，别提多烦了。我就买了条裙子，她也要问我花了多少钱，然后就长吁短叹，不停地讲她儿子上班有多辛苦。真是的！我买裙子花的是自己挣的钱好吗？前几天，我买了一个名牌包包，她看着眼红，就又和我唠叨，幸亏她儿子挣得多，要不家都被我败光了。她也不想想我买名牌包包，是我妈给我的钱好吗？再说了，我就算是花她儿子的钱，那也是我们夫妻的共同财产。还有最让人受不了的是，她居然用一个盆给孩子洗内衣和外衣，难道她连内衣和外衣不能在同一个盆里洗这点常识也要我来教她吗？还有……"

听到这里，大家纷纷表示有话要说，于是众人开始七嘴八舌地讨论起各家的婆媳纷争。原来各家都有婆媳斗法，战况激烈、内容不一。

"我婆婆人不坏，可就是太烦人，天天来我家打扫房间、整理东西。我们都劝她不用来了，我们自己也能收拾，她却说就喜欢打扫房间。其实，她就是想粘着我们，而且她每次整理完我们家，我都找不到要找的东西。可外人看到她这么做，只会说我这个做媳妇的不懂事，让婆婆做这做那。"

"我婆婆节俭过度，为了省水，小便从来不冲，尿渍全留在马桶上，害得我天天洗马桶。而且只要她在家，看电视就不能开灯，我真怀疑我老公的近视就是这么得的。"

"我婆婆是孙子控，但每次都是瞎操心。有一次我要给儿子买玩具，她硬拦着不让买，还说怕有污染，增加白血病患病概率；我儿子被蚊子叮了下，她就说可能得脑膜炎；我儿子一发烧，她就说可能得了肺炎。我都弄不清楚了，她到底是在盼孩子健康成长，还是在诅咒孩子。而且，我婆婆总觉得我不够好，遇事她能包容她儿子，却不能包容我，我虽说不是她养大的，但好歹也是她的儿媳妇。何况我还是我父母的掌上明珠呢，怎么受得了事无巨细都由婆婆一手包办呢？"

"我婆婆事事向着我老公，我老公但凡做一丁点儿家务，她都会嚷嚷说放着让她来。要是见我闲着不干活，她肯定面若冰山，满脸不高兴。你们说说，谁规定家务就非得女人做？这应该由夫妻共同承担好不好？再说了，出嫁前我也是家里娇生惯养的千金呀！"

"我婆婆看不起我娘家人，因为我家里经济条件不好。她平时处处为难我也就算了，还给我爸妈脸色看，那是生我、养我的人，我怎么受得了？"

"我婆婆对我们的生活是完全操控，随意进出我们家改变摆设，紫色的床帘、红色的被罩床单，你们知道有多土吗？她有考虑过我喜欢什么颜色吗？"

"我婆婆总是对我管教儿子的教育方式指手画脚，说当年我老公就是按照她那一套教育出来的，最后成了社会的有用之才。我的天！那个年代的教育能适应现在孩子的需要吗？她能教育她儿子，凭什么我不能教育我儿子？"

"我婆婆每天都在说自己养儿子时有多辛苦，还不断告诉我们要怀有一颗感恩的心，不停向我们索要，要钱、要物、要关爱。养大了儿子，向儿子要就好了，可媳妇不是她养的，凭什么弄得我心身疲惫呢？"

……

就这样，小聚会变成了诉苦大会，媳妇们闲谈如此，想必婆婆们或多或少也会对媳妇有怨言。

02

婆媳斗法，是中国家庭中不可避免的项目，只要家庭还在，婆媳之间的话题便会长久无绝期。曾经有人说，如果搞得定婆婆，处理得好婆媳关系，这世界上就没有处理不好的人际关系。而在现实中，婆媳之间分分钟都在预演着"女人为难女人"的开撕大戏。

婆媳之间不能和平共处的原因多着呢。生活各种小矛盾攒在一起，积累起来就成了硬生生顶出来的刺，横亘婆媳之间，所到之处，恶语横飞，毫无温情可言。

在婆婆的重压之下，媳妇们都暗想：如果婆婆能像我妈一样对待我该多好啊！

可是说句掏心窝子的话，那是不可能的！如果你任性发火，亲妈能做到"好了伤疤忘了疼"；可婆婆即使忘记了疼，也会在心里留下一个伤疤，偶尔想起，就会隐隐作痛。如果你胡乱撒娇，亲妈把女儿看作贴心小棉袄，自然百般宠溺；然而婆婆虽然嘴上不说，心里也会埋怨你的孩子气。如果你不做家务，亲妈会直接揽下来自己干，再苦再累也心甘情愿；然而婆婆对于你这种行为，轻者念叨，重者指桑骂槐，字字句句都在指责你的好吃懒做。如果你乱花钱享受，亲妈会告诉你"做人就该善待自己"，还可能获得资金支持；然而婆婆可能会听而不闻，甚至在心里认定你缺少勤俭持家的美德。如果你抱怨老公，亲妈会各种安慰和劝导你，跟你说些贴心的话，教你如何面对这种情况；然而婆婆在听到这些话后，脸上和心里全是不悦，原因很简单，因为你所抱怨的是她的儿子呀。

常言道，婆婆也是妈。可是为什么到了实际生活中，婆婆和媳妇却不能将心比心呢？因为婆婆虽然也是妈，可婆婆毕竟不是你的亲妈啊，就像丈母娘再疼姑爷，也不会超过疼自己闺女。天下父母一般"黑"，哪一个父母都最爱自己的孩子，这是人类的天性。婆婆对媳妇、丈母娘对姑爷，永远都是爱屋及乌的爱。

回忆一下，当我的闺密结婚时，我虽然是诚心诚意地祝福她幸福，可心里仍然感觉最珍贵的东西被抢走了。儿女结婚时，婆婆、公公和丈母娘、丈人的那种痛惜的心情，应该远超闺密吧。父母们以前的生活重心是儿女，等到儿女要有小家了，心中难免失落，难免没有分寸地排斥儿女的另一半。

虽然婆婆没有陪着媳妇长大，可她却含辛茹苦地养大了媳妇的老公。所以，婆婆也是妈还是有一定道理的，嫁给老公时，进那个家门时，嘴里叫着"妈"，问问自己，你心口合一了吗？

嫁为人妇的那天就意味着你除了要接受老公外，还要接受老公的父母和七姑八姨，要适应并融入他们的生活，做一个得体的媳妇。

换个角度想一想，媳妇不能接受婆婆的种种刁难，女婿就有义务接受丈母娘的一切吗？将心比心，你就能多理解他们一下，将婆媳关系往好的方向发展。

婆媳之间并不是敌人，你们共同都爱着同一个男人——你的老公、她的儿子，或者同时爱着两个男人——你的儿子、她的孙子。你们都有着共同的目标，把你和老公的小日子过好，幸福美满到让人羡慕嫉妒恨，让她走到哪里提起时，都可以一脸自豪地说："我儿子和儿媳妇那日子过得叫一个幸福啊！"

化解婆媳之间的矛盾复杂又简单。幸福的家庭各不相同，尊重、理解、包容是这些家庭共同的特征，只要家庭美满和谐，又何必在意其他的一些小矛盾呢？老公是自己选的，如果老公在你心里很优秀，培养出优秀儿子的父母又能差到哪儿去？

如果婆婆抠门，那你就自己多赚钱，花自己的钱，婆婆还有什么可说的呢？如果婆婆粘她儿子，那你就帮她培养兴趣爱好，比如广场舞、瑜伽、书法、摄影等都可以，有了乐趣，婆婆还哪有时间粘人？

其实处理好婆媳关系还是有一定的技巧可循的，媳妇做到以下几点，婆婆就能变成妈。

第一，媳妇对婆婆的态度要好。婆婆是老公的亲妈，既然你爱老公，就要爱老公的妈，这绝对有利于促进夫妻关系的融洽。

第二，媳妇要偶尔送婆婆礼物，价格多少不重要，重要是心意，一双袜子也能暖人心。

第三，媳妇要常和婆婆沟通，多理解婆婆的想法，别动不动就斗气。既然婆媳之间有第一次矛盾，那么后来的矛盾都会一发不可收拾。要学会给彼此留余地，为婆婆，为老公，也是为自己。家和万事兴。

第四，别和婆婆计较。清官难断家务事，如果件件小事都计较，那么累也累死了。难得糊涂是家庭和睦、婆媳和谐、做人快乐的法宝。

第五，如果条件允许，尽量和婆婆分开住。各有各的小世界，偶尔小聚，保持亲情，又有适当距离，老公也不用做"夹心饼干"，百利无害。

第六，孩子自己带。如果是由婆婆带，不能一边享受了婆婆带来的福利，一边讨厌婆婆的批评。

当然，如果婆婆触碰了媳妇的底线，媳妇要第一时间态度温和地说"不"，开诚布公、直截了当也是一种方法。别在心里生闷气，让婆婆去猜。

亲爱的媳妇们，在和婆婆生气时，想想将来自己也会做婆婆或丈母娘，就会多点理解和包容了。

做个好儿媳又何妨，女人不必为难女人，婆媳不是敌人。凡事多往好的地方想想，才能让一切都变得理所当然。

别把坏脾气留给你最亲近的人

在生活中，总是控制不住自己的情绪，不经意间就会把脾气留给最亲近的人，过后又后悔得要死，想道歉却又抹不开面子，这样的事情屡见不鲜。我也一样，总是逃不过这个魔咒。

对待外人，我是一只温顺的小绵羊，可是对着亲人，我就会变成炸药包，并且还是燃点极低、威力特大的那种，尤其是对待老妈。

我曾经送给老妈一件首饰，老妈马上说："怎么又给我买东西？又乱花钱！自己挣钱多不容易，你自己留着用呗！"本来只是为了讨老妈欢心，结果被她一通数落下来，心情一落千丈。

我说："孩子挣钱了，送个礼物给你表示孝心，你就收着，为什么总是问这问那？再说了我经济上能承受得起才给你买的，也没花几个钱。"老妈却说："买这东西有啥用，乱花钱！我都这么大年纪了，不用戴这东西。"我心想：什么叫有用，什么叫没用？世界上的一切都是生不带来，死不带去的，于是生气地说："你要是不喜欢，我直接扔了！"突然空气像凝固了一样，老妈什么都没说，转身去阳台看她的花花草草去了，透过玻璃看老妈失落的神情，委屈得像个孩子。

还有一次，我气急败坏地批评凡哥乱扔东西时，老妈不乐意了，说："你小时候还不如人家凡儿呢！你不但乱扔还不让收拾，说你你还振振有词。你房间乱得连个下脚的地儿都没了。"听到这儿我顿时来精神了，要是让凡哥知道那还了得。

于是我说："妈，你别插话了，你这样我还怎么管孩子呀！你是不是就是故意宠着他，不让我管？要真是这样，那以后孩子你管，我不管啦！"

老妈说："我没不让你管，可你这态度不对呀。孩子还小，你得学着跟他讲道理，好好说才能解决问题呀！"

"我态度好他听吗？我这不是被逼得没办法了吗？还有，反正以后我管孩子时，你不要插手，要不我就跟你急！"

老妈说："要不你就跟我急？你跟我急的时候还少了？"

一句话倒是把我问得哑口无言了。回过头，我仔细想了想，不管是生活上还是工作上的问题，任何能爆发的场合，总会看到我用一张怒气冲冲的脸对着老妈，眼里也仿佛能射出火花一般。可是老妈总是能心平气和地给我讲道理，实在讲不通，便会等我消了气之后，再接着开导我，直到我心悦诚服。要是她被我气到七窍生烟，干脆就不搭理我了，让我自己冷静下来。等我消了气，终于醒悟自己发脾气实在没有道理，于是便各种悔恨：我凭什么对老妈发火？不过是恃宠而骄，不过依仗着老妈关心我、心疼我、照顾我、迁就我。

老妈是人到中年的时候才有了我，所以她对我百般宠溺。我清楚地记得，我把我妈气哭之后，我姨像拎小鸡一样把我拎到我妈面前，说："你怎么这么惯她？今天你必须打这熊孩子，让她长点记性，要不她得上天了。你要是下不去手，我替你打！"我妈把我拽到身后，劝我姨，说："她还是个孩子呀！当妈的不都这样吗，妈妈不对她好，还指望谁对她好？"我姨说："她就是表面乖巧，我看她把你当成撒气筒了，把本事都用在你身上了。"我妈摸着我的头说："孩子不欺负妈妈还能欺负谁，等她大了懂事就好了。"

但往往事与愿违，虽然我已为人母，却时常对老妈发火，紧接着就是后悔，然后就是道歉。于是暗暗发誓，以后一定改正，可是到了临界点，还是管不住自己，脾气会瞬间爆发。就这样，一次又一次陷入死循环。

在生活中，和我一样的人一定不在少数。我们发火的对象，往往是父母、爱人、兄弟姐妹……总之，都是我们的亲人。为什么我们把火气都留给了亲人？为什么我们做不到对外人、亲人一视同仁呢？因为我们觉得，在亲人面前我们可以无所顾忌地放肆、任性，无论我们做什么过分的行为，亲人们都会包容、理解，都会无条件地原谅，甘心情愿做我们的情绪垃圾筒。

如果亲人和外人一样，根本不拿我们当回事，甚至不屑于搭理我们，我们还会乱发火吗？如果发火了就会失去亲人，得不到谅解，再也找不回对方，我们还会乱发火吗？我们有考虑过被伤害的亲人，他们单方面承受着多大的痛苦吗？他们要经过多少次的心理斗争和自我疗伤，才能恢复如初。

亲人爱我们，是让我们学会给予、学会体谅、学会奉献自我，而不是自私自利。要走出容易对亲人发火，之后后悔的怪圈，需要以下几个步骤。

第一，问问自己，我们希望这样的情况出现吗？真心要改变吗？

第二，可不可以用其他方式来释放负面情绪，例如游戏、电影、健身，只要不影响他人，哪一种方式都可以。

第三，即将发火时，就暗暗告诉自己先冷静十分钟，或许十分钟后，我们的火气就渐渐消退了。

第四，及时止损，除了说"对不起"，要把自己的真实想法告诉亲人，然后用适合的方式补救。

第五，反思自己，找出原因，真心地向亲人表达对他们的爱，也让亲人们明白自己的需要。

再浓的亲情、再好的关系，都难免有磕绊，我们可以尽自己所能避免问题的发生。任何的情感，都会因为发火而受伤，伤了亲人，我们也心疼。回忆一下，对着外人时，我们是怎么说的、怎么做的；对待上司，对待同事，我们的言语总是表达得十分得体，甚至于对待陌生人我们都无时无刻不彰显着个人魅力。如果我们对待亲人也一样，那么会有什么意想不到的效果呢？

没有对比就没有自我反省，我现在偶尔也会冲老妈发火，但同时学会了自我调整，学着去调控自己的情绪，学着用各种方式向老妈赔礼道歉：冲上一杯蜂蜜水，亲手端到老妈面前；拉着老妈去电影院一起看电影；给老妈煲上一盅白白嫩嫩的燕窝；又或者把大白腿甩到老妈身上，贱贱地说，腿好酸，求老妈按摩。

生活中难免有争吵，但争吵过后，记得回头看看，先妥协的人并不是因为错，只能说明：爱得深，爱得真，爱得舍不得对方生气，爱得想让对方多些笑容。所以，我们不要总是把脾气留给最亲近的人，因为那在伤害他们的同时，自己肯定也会后悔莫及。

分寸感，是人与人之间最好的关系

英国作家王尔德曾说过："孩子最初爱父母，等大一些评判父母，再过些时候原谅父母。"

没有一个家庭不存在问题，这是不争的事实。只是每个家庭问题的症结不同而已，或与配偶，或与子女，或与公婆，或与岳父岳母，或与亲戚……

在这里，我想说说成年子女和父母之间关系的问题，这也是我们大多数人都要面对的现实问题。

先讲讲萌妹子的故事。

她向我哭诉："现在我就是个被父母抛弃的孩子，他们再也不爱我了、不疼我了、不关心我了。他们根本不知道，我在这个陌生的城市里有多孤单，多无助，多可怜。"

听上去，萌妹子像不像一个弃儿？

我说她活该。她说我没有同情心、铁石心肠。

"你哪里可怜了？你父母才是真的可怜好吗？他们为你付出了这么多，我都心疼他们了。你现在都二十六了，难道还要事事依赖父母吗？"

"可是我没有男朋友，不依赖父母，难道依赖你吗？"萌妹子义正词严地说。

"你又凭什么依赖我？"我反问道，"你以为我是你爸还是你妈？你要是真有骨气就不要事事都向你爸妈诉苦，你的决心呢？喂动物园里的大猩猩了吗！"

她答："我没有跟父母讲啦，我只是向你这个大姐姐诉苦而已。"

我坦言："你今天的不自立，全是因为父母的溺爱，而你又事事依赖他们。现在，你必须学会独立。"

萌妹子的娇娇女成长史，得从她的家族讲起。

萌妹子的爸爸兄弟五个，姐妹三个，她爸最小。她的伯伯、姑姑每家都生了一个男孩子，全家人都深刻意识到性别单一是个问题，盼着家里能有一个女孩，萌妹子的爷爷更是放出话来，谁生了闺女一定重奖。

在众人的期盼中，萌妹子出生了，全家热烈庆祝。

俗话说"物以稀为贵"，又说"女儿要富养"，这两句话在萌妹子身上体现得淋漓尽致。从小她就在众星捧月的溺爱中长大，上了小学才断母乳；上学后，她爸每天背书包接送她上学、放学；上课淘气被老师批评，爷爷竟到学校找老师理论，说谁要是批评他的乖孙女，就要和谁拼了老命；萌妹子上了大学，袜子、内裤成盒带，脏衣服都是打包寄快递回家的。

就是这样一个妹子，竟然选择北漂，听上去简直就是自强自立的楷模。

萌妹子说，真相并非如此。她选择北漂就是想逃离父母的过度关怀和控制。她说，她实在讨厌父母和家里长辈逼着她穿公主范儿的衣服，给她定行车路线，帮她选工作、选男朋友，她完全没有一点自主权。她想要自由，想要独立，想要成长。

为这，她给父母写了一封感天动地的长信，信中深切表达了自己想要走向独立、走向自由、走向自力更生的决心和信心。父母先是痛哭反对，而后认真思考，终于经不住她的软磨硬泡，最后泪眼婆娑地同意了。

可是，北漂生活过了不到一个月，萌妹子就受不了，坚持不下去了，这种万事都要靠自己的日子可怎么过啊！但她不想

216

向父母屈服。于是，我成了她的倾诉对象。

萌妹子是特例吗？对子女过度关怀，不同程度的溺爱，以致形成强烈的掌控欲，几乎是中国父母的共同特性。事事都问，时时都管，导致的结果不外乎两种：一是子女对父母过分依赖，如萌妹子一样，不要说大事自己不敢做主，就连洗衣、做饭这样的小事也得靠父母。二十几岁仍旧没有独立生存的能力，即使成了家，也是啃老一族，像蝗虫一样，无尽无休地啃咬父母。二是子女对父母的逃离，想着离父母越远越好，毅然决然地寻找自由，独自独立地面对世界，而后成家立业，渐渐懂得了父母，重新回归常态。

除了以上两种极端情况，子女和父母的相处还有一种中间状态：子女与父母彼此独立，关心而不干涉，提建议而不搞独裁，扶持而不逼迫。这种状态下的父母和子女通常都掌握一个秘籍——成年子女和父母间可靠的关系。

那么什么才是成年子女和父母间最可靠的关系呢？

首先，理清父母与子女之间的关系。原生家庭给予孩子成长的最初营养，在养儿防老、积谷防饥的传统观念里，孩子是父母最忠诚的陪伴者，是父母意志的继承者，也是父母生命的延续。但我们必须承认，总有一天，孩子会脱离母体，重建个体。

人生有三次别离，和青春，和父母，和孩子。别离，已经在注定的前方，我们只能耐心等待，坦然接受，含泪相送。

其次，彼此都要学会独立。无论对子女还是对父母，彼此独立都是一种自我训练，是从原生家庭向小家庭的过渡。那么什么时候开始彼此独立比较好呢？我个人觉得，父母从孩子生活中抽离，是一个缓慢的过程。比如婴儿时期，父母要对孩子事无巨细地照看；到了幼儿园，父母要让孩子学会自己穿衣吃饭；在小学阶段，父母要让孩子学会自己管理学习用品等；到了中学，父母应该给孩子自己的空间，适度参与，但不要事事介入，毕竟青春期的孩子有叛逆心理，这个阶段一定要处理好与子女的关系；到了大学阶段，父母除了在资金上给予子女一定的支持外，在学习和生活上只需要提出建议而无需替他们做决定；孩子成家后，更是要坚信，他们的家是他们的，你们的家是你们的，二者是彼此独立存在的。

这时候的父母，可以尽情享受自己的时光。以前没时间、没精力做的事，现在可以去做；以前没实现的梦想，现在可以去追；过自己想要的生活，享受自己的人生。

对子女而言，别总想着有靠山、有港湾、有后盾，总想有人替你收拾烂摊子，有人替你承担后果。要试着学会自己独自地面对生活的苦与悲，独自闯荡，独自成长，成为一个真正独立的人。

最后，不要忘记相互温暖，彼此支持。彼此之间物质和精神的独立，并不代表不爱和不关心，而是实现感情的升华。父母不缺席孩子的成长，孩子不缺席父母的变老。你养我长大，我陪你变老，是最美的诠释。

就像萌妹子，虽然偶尔会在微信上和包括我在内的朋友诉诉苦、撒撒娇，但是她现在已经学会了洗衣服、煮面、做蛋炒饭。在接受断奶带来的阵痛的同时，她也享受着自由的快乐，她也会在每个晚上和爸爸妈妈微信视频一小会儿，但也只报喜不报忧。

父母也开始接受现实，逐渐认清楚孩子在成长的过程中必然会遭遇挫折和烦恼，会面临情绪困扰，要承受心理压力，但这才是成长的契机。

　　所以，保持分寸感，是人与人之间最好的关系，你陪我长大，我陪你变老才是最动人的。在这样的关系下，父母和子女才能拥有更好的生活，享受生活的乐趣！

后记

在这本书之前，虽然我已经出版过四部长篇小说了，但我给自己的定位从来不是作家，而是一个写作者，准确地说，是一个边写边学边思考，还有点贪玩儿的写字匠。

在我心中，"作家"这个称谓很神圣，过去如此，现在也不变。不过没关系，我喜欢写，肯学，又得到了读者的喜爱，所以我相信我会越写越好，说不一定某天就像马云先生所说的"梦想还是要有的，万一实现了呢"，写着写着我就成了一名优秀的写作者呢！

《女人，永远要有心疼自己的能力》这本书的出版，我要感谢石姐，也就是本书的策划机构北京文通天下图书有限公司的老总石谨瑜女士。这位姐姐与我相交九年，她懂我，在写作上一直指导我，给我打气，给我温暖。我每每提到一个"谢"字，她总是淡淡地说："人和人是讲缘分的，我们一见如故。"

姐姐知我的人，也欣赏我的文章，"女人，永远要有心疼自己的能力"是她的生活法宝，也是她送我的人生锦囊。

是的，我是一个懂得心疼自己的人，所以在哪儿跌倒，我就会在哪儿爬起来，有时虽然会先睡会儿再起来，但是整理下衣裳，补个淡妆，依旧精神百倍、神采飞扬。

永远要有心疼自己的能力，不忽略，不轻视，不怠慢自己。心疼自己，才能一直向前冲，不依赖别人，达成心中的目标。

你一定和我一样，因为要心疼自己，假装云淡风轻地渡过一个又一个难关，在夜里把受了委屈、受了伤的小心脏缝补好，第二天再把自己投入五味杂陈的生活，体验人生百态，迎接新的挑战。

你也许无数次暗暗告诉自己：什么都不要怕，什么都能过去。累了，倦了，疲了，痛了，你想哭了，却只能给自己一个拥抱，有了对自己的这份疼爱，才能攒足了力气，继续出发，去赚回那份心疼自己的能力。

走完一段路，到达一个里程碑，你会微微一笑，安慰自己一切都过去了。你庆幸自己一直在努力，一直没有忽略自己，如此才能继续享受生活中的小确幸、小开心、小快活和小精彩。

谁的人生容易呢？都各有各的难处，各有各的辛苦。哪怕表面春风得意，背后也有万般无奈。现代社会给了女人前所未有的机会，去展示自己、证明自己、成就自己，同样也给了最大化的压力。

你和我都在同生活进行着一场战争，虽然年纪不同、处境不同、经历不同，但你和我却都有一个想法——把自己的生活经营得好一些，再好一些。

但人生哪有好走的路？迷茫、疲惫、伤痛、难熬，谁没经历过呢？

那就别和生活较劲儿，和自己较劲儿了，不要有那么多锋芒，不要说话那么尖刻，不要把牢骚带到每一处，时刻观照自己的内在，多听一听自己那颗柔软的、敏感的小心脏的声音。

忙完工作，忙完亲人、朋友的杂七杂八的事情，暂时关上对外的那扇门，静于一隅，悄悄地与自己独处，了解自己内心的需求。

心疼自己，是倾听自己内心的声音，为自己做点什么；是为自己化一个精致的妆容，涂上清雅的丹蔻；是和闺密们享受无所顾忌的快乐时光；是在说了错话、做了错事后，给自己宽容的谅解；是即使再忙再累，也要留出一点点的时间和空间给自己；是时不时给自己一个小小的奖励，一本书、一场电影、一支口红、一件首饰、一次旅行。

女人有了心疼自己的能力，才能调理好自己的生活。美不美、强不强、快乐不快乐、幸福不幸福，诸多问题你都能找到自己的答案。

前面职场，后面家庭，左手爱人，右手爱己。能承担挫折，能释放天性，能欢喜，亦能深情，拥有心疼自己的能力，才能与全世界真情相处，这样的人才是活出了自我。

你的朋友　唐大伟